消防安全科普系列丛书

高校学生消防安全手册

韩海云　王滨滨　主编

中国人事出版社

图书在版编目（CIP）数据

高校学生消防安全手册／韩海云，王滨滨主编. -- 北京：中国人事出版社，2020.10

（消防安全科普系列丛书）

ISBN 978-7-5129-1583-1

Ⅰ.①高…　Ⅱ.①韩…②王…　Ⅲ.①大学生－消防－安全教育－手册　Ⅳ.①TU998.1-62

中国版本图书馆 CIP 数据核字（2020）第 197763 号

中国人事出版社出版发行

（北京市惠新东街 1 号　邮政编码：100029）

*

北京市白帆印务有限公司印刷装订　　新华书店经销

880 毫米 ×1230 毫米　32 开本　6.25 印张　136 千字

2020 年 10 月第 1 版　　2020 年 10 月第 1 次印刷

定价：19.00 元

读者服务部电话：（010）64929211/84209101/64921644

营销中心电话：（010）64962347

出版社网址：http：//www.class.com.cn

序

消防工作是国民经济和社会发展的重要组成部分，事关老百姓的生命和财产安全，是促进经济社会协调健康发展的重要保障。根据应急管理部发布的2019年全国消防安全总体形势数据，2019年全国共接报火灾23.3万起，造成1 335人死亡、837人受伤，直接财产损失36.12亿元，其中，城乡居民住宅火灾起数占44.8%，但全年共造成1 045人死亡，占死亡人数的78.3%。在百姓生活水平日益提高的背景下，却产生了大量“小火亡人”“家破人亡”的悲惨事故。随着社会对消防安全工作日益重视，民众对消防安全意识提升的需求也更加迫切。如何加强源头治理、综合治理，提升百姓火灾的防控水平，是消防安全科普工作的最紧迫课题。

中国人事出版社通过深入调研并组织科普专家团队论证后，选取了火灾危险隐患多、人员密集、人员安全意识薄弱、社会受益面大的场所，开发了“消防安全科普系列丛书”。本套丛书首批以乡村居民、城镇居民、林牧区居民及高校学生为受众对象，开发了《乡村居民消防安全手册》《城镇居民消防安全手册》《林牧区居民消防安全手册》和《高校学生消防安全手册》。丛书在内容上以消防安全常见问题为导线，系统梳理科普对象在工作、生活和学习中常见的消防安全问题，结合消防安全专业知识进行释疑解惑，力求为不同场所的不同对象提供用火、防火、灭火或逃生所需要的科学、实用的知识储备。

随着我国教育体制的不断完善，高校规模也在不断扩大，高校人员密集，功能建筑繁多，导致火灾因素复杂，历来是消防安全管理的重点单位。我国许多高校都具有悠久的历史，一些老式建筑的规划、结构和设施不能满足现在的防火灭火需求。新时期高校学生宿舍中配备的计算机、手机、电热水器、电风扇、空调等大量的电气设备，增加了用电负荷；另外部分承担着教学和科研任务的实验室里有许多易燃易爆实验材料，一旦操作不慎极大地增加了火灾的发生概率。

高校火灾的频繁发生，除了烧毁教学楼、实验室、宿舍等基础设施外，大多伴有人身伤亡，给广大师生的人身及财产安全造成了极大的威胁。例如，2008 年 11 月 14 日，上海某高校学生在宿舍违规使用“热得快”引发电气故障并将周围可燃物引燃导致火灾，致使 4 名女大学生跳楼逃生死亡。2015 年 12 月 18 日，某高校一间实验室的氢气钢瓶发生爆炸，着火面积 80 平方米，造成一名博士后死亡。2018 年 12 月 26 日，某高校学生在进行垃圾渗滤液污水处理科研实验期间，实验现场发生爆炸，事故造成 3 名参与实验的学生死亡。这些血的教训为我们敲响了高校消防工作的警钟。作为受过多年教育且具有一定理论水平的当代大学生，要努力提高消防安全意识，掌握消防理论知识，并且学会运用科学的方法，进行自防自救。

《高校学生消防安全手册》以当代大学生为对象，通过具体校园生活、学习场景引入消防安全主题，以同学们普遍关心和疑惑的问题为切入点，依据消防法律法规、技术规范、标准，以及相关政策和指导意见，紧扣高校校园防火灭火的关键理论和实用技能，将高校火灾特点和规律、火灾案例的教训、高校火灾防范措施、初起火灾处置、火场自救和互救以及高校学生消防安全责任梳理为火灾篇、防火篇、灭火篇、逃生篇、法律篇五篇共93问，以一答一问的形式答疑解惑，系统、重点、通俗地介绍高校学生应知应会的防火灭火常识性知识。

《高校学生消防安全手册》编写人员由中国人民警察大学公共安全科普宣教与产业发展研究中心的消防科普专家组成。韩海云教授与王滨滨副教授担任主编，参编人员分工如下：郑兰芳副教授编写第1篇，高阳讲师编写第2篇，王滨滨副教授编写第3篇，肖磊博士编写第4篇专题一至二，韩海云教授编写第4篇专题三和第5篇。

本书的出版将更新和丰富面向公众的防灾减灾科普教育产品体系，为开展社会消防宣教提供工具和资料参考，引导社会公众强化消防安全意识，掌握用火、用电、用气的防火常识以及正确处理初起火灾和火场避险策略；从源头上减少因人为因素导致火灾发生的概率，防止火灾致贫、致死等恶性事故的发生，为维护社会和谐稳定、人民安居乐业的“平安中国”建设作出贡献。

目　录
CONTENTS

第1篇　火灾篇

【引导语】高校是消防安全重点单位之一，无数火灾实例说明，高校一旦发生火灾，不但会影响正常的教学、科研秩序，而且还会造成重大的社会影响。正是由于高校的特殊性，校园防火显得尤为重要。根据高校的特点，校园防火的重点主要包括学生宿舍、实验室、场馆、图书馆等人员密集场所。据统计，自2000年以来，全国高校共发生火灾4 000余起，死亡50多人，累计造成直接财产损失高达200多亿元。虽然大部分的高校火灾并未直接造成人员伤亡，但是受火灾影响的学生众多，计算机、书籍、笔记等物品的损坏给其后期的学习带来了极大不便。因寝室及寝具毁坏严重，学生的生活安置亦存在很大的问题。因此，高校一旦发生火灾，不但会对学生的身心造成伤害，影响学校整体的稳定性，同时也会在社会上产生不良的影响。

专题一：高校火灾初认识

问题 1. 近年来高校的火灾特点有哪些？

随着高校人数的不断增长，消防配套设施建设以及火灾安全管理工作表现出了一定的滞后性，致使高校建筑存在火灾隐患。高校是集科研、教学等于一体，所设部门众多且功能繁杂的一个场所。许多教室广泛采用新设备、新工艺、新技术、新材料，用于多媒体教学以及尖端仪器教学等，同时还可能储备一些易燃易爆及剧毒物品，用于开展教学和科学研究，这在一定程度上增加了高校火灾的危险性和危害性，加大了火灾扑救的难度和危险。高校的火灾特点表现在以下几个方面。

1. 人口密度大，起火原因复杂

高校最大的特点就是人口密度大，学生和教职工集中，校园内所设部门众多，用火、用电量大，设备、物资存储多，可燃易燃物多，容易发生火灾。从火灾发生的部位上来看，实验室、仓库、图书馆、学生宿舍是火灾高发区，且往往具有突发性。

2. 校园内高层建筑增多，火灾扑救困难

高校连续大幅度扩招，使得校园建设飞速发展，很多高校大力修建新校舍，校园内高层建筑数量增多且密度较大，形成火灾难防、难救，人员疏散困难的新特点，一旦发生火灾就容易形成“火烧连营”的局面。但与之形成鲜明对比的是，许多高校相关的各种消防配套设施并未及时跟上，有的高层建筑存在消防设施损坏、停用、缺少，甚至消防设施产品质量不过关等问题，这些都增加了火灾扑救的难度。

3. 火灾危害严重，损失难以估量

高校既是培养国家人才的重要基地，也是科学研究的重要机构。一些发生在教学楼、实验室、图书馆的火灾，导致大量具有研究价值和历史价值的珍贵标本、图书、档案资料被烧毁，造成无法弥补的损失。同时，若实验室使用存放易燃易爆、剧毒的化学试剂和物品，在起火后，火势极大，且蔓延迅速，对人员和周围环境都有很大的危害，加之使用的仪器价格昂贵，经济上也会损失严重，因此，这类火灾影响极大，损失难以估量。

4. 火灾社会影响大，传播范围较广

高校内人员集中，火灾易引起群死群伤，尤其是一些名校，若发生火灾事故，容易引起社会关注，造成的社会影响相对较大。

问题 2. 高校内常见的火灾隐患有哪些?

1. 对学生宿舍消防安全管理工作重视不够，落实不到位

目前，一些高校对于消防安全工作未能给予应有的重视，认为消防工作与教育质量无关，与学校全面发展无关，还认为高校发生火灾的概率很小，不愿意投入资金进行整改，致使许多学生宿舍火灾隐患得不到彻底清除。同时，一些高校的消防安全责任落不到实处，虽然层层签订了责任书，但内容千篇一律，没有针对性，有的高校责任书只签到主管部门，而未把具体责任落实到学生宿舍管理的每个岗位和个人，甚至有些高校还没有建立起消防安全责任制。

2. 部分高校老式建筑较多，存在先天隐患，新建建筑设计不合理

由于历史原因和资金限制，目前很多高校在大力修建新校舍的同时，原有的低耐火等级的砖木结构建筑仍然在使用。另外，一些高校新建建筑未经过消防设计审核和竣工验收，存在设计布局不合理，无防火防烟分隔，缺少安全出口，内部装饰、装修使用易燃、可燃材料等先天的安全隐患。同时，一些高校为了便于学生管理，对学生宿舍采取了一些不利于消防安全的做法，如安装防盗门窗，在夜间将安全出口上锁等。如此种种，一旦发生火灾事故，极易造成拥挤、踩踏而造成更加重大的人员伤亡。

3. 学生宿舍电力设施落后、设备老化严重、超负荷运转

目前高校中仍有大量的老旧学生宿舍楼在使用，其中的电力设施是按当时的用电标准来设计的。随着我国经济社会的高速发展，近几年来学生宿舍中的电器数量明显增多，各类充电器、饮水机、电热水器、计算机等设备的使用率急剧上升，造成学生宿舍用电量猛增，大大超过电力设施当初的设计容量，供电线路和电力设备常处于严重超负荷运行状态，发生电气火灾的危险性也就大大增加。

4. 学生的自我控制能力差，安全意识薄弱

有的学生违反校方的管理规定，在宿舍内使用“热得快”或电炉时因操作不当或中途有事离开，致使引燃周围的可燃物发生火灾事故。有的学生在宿舍内私接乱拉电线、安装大功率电器，引发火灾事故。有的学生在宿舍内长时间使用大功率电器，如电磁炉、电饭锅等，致使学生宿舍供电线路超负荷运行，引起线路起火。有的学生，尤其是男生在宿舍内吸烟，乱扔烟头，引起火灾。有的学生在停电时使用蜡烛照明看书，一时疏忽引燃蚊帐、床单和被褥等。

5. 化学试剂储存、使用不当

2015 版国家危险化学品名录共记录危险化学品 2 828 种，经调研，北京某工科院校每年教学科研实验中涉及危险化学品 1 100 余种，其他高校虽然涉及数量有限，但实验试剂，特别是易燃易爆危险化学品试剂使用数量仍然呈逐年增加态势。一旦这些危险化学品试剂存储和使用不当而引发火灾，其燃烧速度极快、火焰温度高、燃烧猛烈，且有大量毒气产生，有的还可能产生爆炸。高校实验室由于房间紧缺，一些高校会出现化学试剂存放混乱、区分管理不当等现象。尤其是一些年代较为久远的实验试剂瓶上的标签掉落，实验人员无法辨别清楚其性质和归属，随意存放，导致一些易产生反应的试剂放在一起，使用不当或环境发生变化很容易发生燃烧爆炸。还有许多试剂只能低温储存，但一些实验室为节约经费，使用普通冰箱存放试剂，而普通冰箱在启动过程中会产生电火花，如试剂泄漏并与周围空气混合后，其浓度在爆炸极限范围内，遇电火花则会发生爆燃。

6. 食堂用火、用气、用油风险高

为方便学生就餐，高校食堂和厨房通常连在一起，厨房内明火作业较多，使用的燃料通常为液化石油气、天然气、煤气、柴油，如果操作不当，或燃气管道、法兰接头、仪表阀门出现漏气，连接的胶管出现老化、脱落等，都有可能导致可燃气体、液体等燃料发生泄漏，遇明火便会起火爆炸。灶台上方的烟罩、油烟管道油垢较多，若长期不清理，也容易在炒菜时被明火引燃。厨房使用明火较多，特别是在煎炸时需要大火，灶台火焰蹿出，一旦接触溢出的食用油，就会引起火灾。值得一提的是，厨房内大量使用、存放的食用油也是引发火灾的重要因素。食用油火灾在我国被列为一种特殊类型的火灾——F类火灾，食用油自燃温度一般为 350 ~ 380 摄氏度，在烹饪中一旦温度失控就会产生火灾。食用油一旦发生火灾，燃烧速度较其他可燃液体更快，2 分钟后油面温度可达 400 摄氏度。食用油在温度超过 350 摄氏度后会发生化学反应，生成自燃温度为 65 摄氏度的可燃物，大量的试验证明只有温度降低到 33 摄氏度以下时，食用油才不会发生复燃。

7. 大型场馆跨度大，建筑结构特殊

大型场馆室内净空高度高、空间大，可燃物资较多，一旦发生火灾，燃烧猛烈，蔓延迅速；如果在 5 ~ 10 分钟内不能控制火势，就有可能达到发展阶段，以致形成大的灾害。

问题 3. 引起校园火灾的直接原因有哪些?

高校火灾发生的原因统计结果如图 1-1 所示（2007—2017 年发生的百余起高校火灾案例）。由图 1-1 可以看出，引起火灾的主要原因是使用违章电器，占全部原因的 38.65%，其次是油烟管道被引燃、电力线路老旧、私拉电线、充电设备无人看管等，分别占比 7.36%、6.13%、3.68%、3.68%。所涉及的违章电器有吹风机、“热得快”、卷发棒、电热毯、取暖器、充电瓶等。违章电器引发火灾的具体原因包括：使用过程中发热造成线路短路引发火灾、使用过程中停电但忘记切断电源、电器品质差造成线路短路等。对此需予以高度重视，以避免因使用违章电器而带来的火灾风险。另外，图 1-1 中提到的其他原因主要包括洗衣机自燃、计算机爆炸、操场上玩火、实验操作失误、工人违规施工、煤气罐爆炸等。

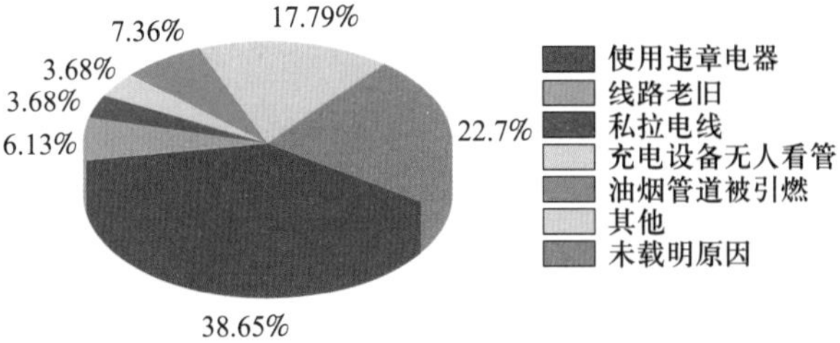

图 1-1 高校火灾发生的原因统计结果

通过统计可以发现，用电不慎是高校火灾发生的主要原因，除此之外，吸烟和用火不慎也是不可忽视的两个原因。

1. 用电不慎

由于学生的安全防范意识不强，学生宿舍电器使用不当的行为包括：用纸张、布或其他可燃物遮挡灯具；手机长时间处于充电状态，并在充电时接听电话、玩游戏、看电影或者运行其他程序等，充完电后仍将充电器插在电源插座上；把通电的电源接线板放在床上或者其他易燃可燃物品上；在同一个插座上使用过多的用电设备；使用电炉、电饭锅、电水壶、电吹风、电熨斗、电热取暖器、电热毯等电热设备后或不关掉开关、不拔掉插头，或电热设备距离可燃物过近、使用时间过长、不注意散热；停电后或离开宿舍时不切断电气设备使用的电源；违规使用大功率电器；贪图价格便宜，购买假冒伪劣电气设备等。这些都容易引起火灾甚至爆炸事故。

2. 吸烟

卧床吸烟、酒后卧床吸烟是造成学生宿舍火灾的重要原因之一。一些人习惯于卧床吸烟，甚至酒后卧床吸烟，而且还有人习惯于随意乱丢未掐灭的烟头，这些行为极有可能引发火灾事故。有权威机构做过实验，将未熄灭的烟头投入纸篓，5 分钟后纸篓开始剧烈燃烧，纸篓的火焰经过 2 ~ 3 秒便引燃了旁边的皮质沙发。实验者在起火房间 50 米外测量，温度已超过 300 摄氏度，15 分钟后整个模拟客厅里的物品全部烧完。

3. 用火不慎

随意使用明火。宿舍内使用明火除了上述提到的吸烟以外，还包括利用蜡烛照明、使用酒精灯等易燃易爆危险品、焚烧杂物等。宿舍内放置的物品多是学生的被褥、书本等易燃物品，稍有不慎就有可能引发火灾。有些学生在宿舍停电后会使用蜡烛照明，有的学生还会使用蜡烛渲染气氛，举行烛光晚宴，这些行为都有可能引发火灾。违规使用酒精灯做饭，用液体酒精煮火锅、烧烤食物则更加危险，稍有不慎，如酒精灯倾倒、人临时有事离开疏于照管，这些明火都有可能迅速引燃周围可燃物而引发火灾。还有些学生点蚊香时靠近衣物、纸张等物品，蚊香与香烟类似，点燃后虽没有明火，但持续燃烧，温度足以引燃纸张、衣物等可燃物。个别学生在宿舍里或者楼道、厕所内焚烧纸张等杂物，如处理不当，也会引燃其他可燃物造成火灾。更有甚者，会在宿舍、楼道内或阳台上燃放烟花爆竹，这种情况引发火灾事故的概率更大。

专题二：高校火灾危险性

问题 4. 高校内哪些场所易发生火灾？

根据用途不同，高校校园建筑物一般可分为学生宿舍、教师公寓、教室、实验室、食堂、体育馆、商店等。对火灾进行统计分析，得到各类校园建筑物的火灾发生次数占比，如图 1–2 所示。由图 1–2 可以看出，高校发生火灾次数最多的场所是学生宿舍，占比为 68.71%，其次是食堂、实验室、教学楼，分别约占 12.88%、7.36%、3.07%，其他场所（包括一些年代久远的未使用建筑、操场、校内联排商铺、教师公寓、校内美食广场、家属楼和仓库等）的火灾发生次数占比较低。这说明在高校内，学生宿舍、食堂、实验室是火灾高发区。此外，将男女生宿舍分开统计，发现女生宿舍火灾发生次数占全部宿舍火灾发生次数的 64.3%，大大高于男生宿舍的火灾发生次数，

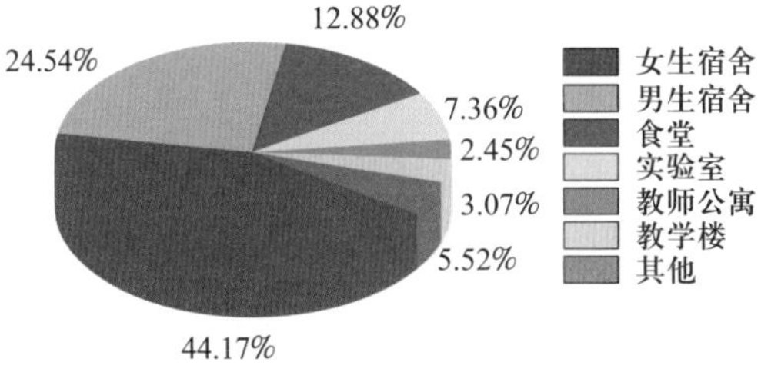

图 1–2　高校各类校园建筑物的火灾发生次数占比

占整体高校火灾发生次数的44.17%。因此，加强对女生的消防安全教育刻不容缓。

问题5. 宿舍楼有哪些火灾危险性?

学生宿舍是学生集体生活的场所，一般住宿人员集中，且存放大量可燃物，加上可能存在违规用火、用电等现象，火灾隐患较多，是学校内消防安全问题最为突出的重点和难点。据有关统计表明，目前，高校学生宿舍是火灾的易发、多发区，且一旦发生火灾，极有可能造成人员伤亡。

1. 用电设备多，易发生电气火灾

高校学生宿舍用火、用电频繁，使用计算机等电气设备较多，用电量大，还存在违规用火、用电等现象，是学校火灾隐患最为突出的场所。事实证明，很多校园火灾都发生在宿舍内，2008年5月5日，国内某大学一女生宿舍发生火灾，消防员及时赶到紧急疏散学生3 000余人，起火原因为电器短路。事发后校方对该宿舍楼进行检查，发现1 300余件违规使用的电器。由于一些地方疏于管理，很多宿舍都存在乱接电源、违章用电现象，有些学生在统一断电后会擅自私接电源，使用充电器、电炉子、电热毯、吹风机、“热得快”等电气产品。值得一提的是，学生们平常使用电蚊香驱蚊，同样是引发火灾的重要因素之一。

2. 可燃物多，火灾发展迅速

根据国家教育部颁发的《关于大学生公寓建设标准问题的若干意见》，大学生公寓应当达到本科生4人一间，人均8平方米；硕士生2人一间，人均12平方米；博士生1人一间，人均24平方米。而实际上许多学校都没有达到这个标准，并且需要相当长的时间才能实现。

人均居住面积较小使很多宿舍内杂乱不堪。随着学生们生活水平的提高，生活、学习用品也不断增加，可燃物也随之增加。宿舍内的设施设备除了床、桌椅，还增加了书架、储物柜、饮水机、计算机、电视等。可燃物在局部空间的大量堆积，使得一旦发生火灾，火势发展迅速，增大逃生难度。

3. 消防疏散通道少，烟气蔓延快

高校宿舍一栋建筑居住人数少则千人，多则三四千人，人员密集。加之，很多学校为了方便管理，防止宿舍财物被盗等原因，只开放一个安全出口，严重影响人员的疏散、逃生。2008 年 11 月 14 日早晨 6 时 10 分左右，上海某高校一学生宿舍楼发生火灾，火势迅速蔓延导致烟气过大，4 名女生在消防队员赶到之前从 6 楼宿舍阳台跳楼逃生，不幸全部遇难。

小贴士

宿舍火灾危险多，我们看看有几多？
热水壶加电饭煲，违禁用电第一多；
蜡烛蚊香和吸烟，违规用火隐患多；
衣物书籍和桌椅，空间局限可燃多；
三四千人太常见，高校宿舍人数多；
为了防盗常上锁，通道不畅第五多！

问题 6. 实验室有哪些火灾危险性?

高校实验室是学生进行学习、科研的重要场所，其所从事的科研活动与国民经济、社会发展和国家安全息息相关。普通的实验室用火、用电多，使用和存储易燃易爆化学危险品多，实验过程复杂、危险。许多实验室还担负着国家科研项目，所使用的机器十分贵重，很多在国际上也较为先进，且存放的资料、档案也十分珍贵，一旦发生火灾事故，极有可能造成重大的经济损失和实验数据、成果的丢失，影响科研工作的正常进行。有的还会造成科研人员的伤亡，对于重大科研课题的推进，其损失和影响不可估量。实验室的主要火灾危险性如下：

1. 人员消防意识薄弱，不遵守实验室相关规范

一些老师、同学对实验过程中可能出现的问题、事故没有清醒的认识，盲目操作，没有安全防护。一些大学实验室没有相关规章制度，或有规章制度但执行不力，监督检查不够。

2. 可燃物、化学危险品多，实验设备存在火灾危险

高校实验室尤其是工科实验室，其实验材料多数具有易燃易爆的特性，另外一些实验设备在高压高温的情况下运行，本身就存在一定的火灾安全隐患。

3. 实验室消防设备落后，建筑老化严重

有些高校实验室位于老式的教学楼中，电气线路老化，缺乏必要的火灾报警等防火系统，致使人员对于火情不能迅速做出反应。

4. 实验室人员众多，人员流动性大

高校实验室是进行科学研究和教学的基地，学生们都要根据课程安排进入实验室。同时，许多实验室都向其他高校和社会上其他研究部门开放，且随着实验室改革的不断深入，实验室流动人员必将进一步增加。

问题 7. 校园场馆有哪些火灾危险性?

近年来，随着经济的蓬勃发展，我国高校内各类功能的活动场馆越来越多，如礼堂、报告厅、体育馆等，这些场馆建筑功能复杂，人员集中，疏散困难，一旦发生火灾就有可能造成巨大的财产损失和人员伤亡，并造成严重的社会影响。分析场馆火灾风险对场馆类场所的消防安全管理具有重要意义，从而可以预测火灾的发生概率和灾害后果，减少火灾损失。校园场馆的主要火灾危险性如下：

1. 人员密集场所，易造成人员伤亡

校园场馆通常为重要的公共建筑，在使用中往往聚集有大量的人员，且由于建筑本身空间较大，结构复杂，使得人员疏散难度非常之大。当火灾发生时，极易造成人员群死群伤。

2. 烟气扩散迅速，火势发展迅猛

由于这一类建筑空间相对通透，防火分隔较少，火灾发生时，烟气往往会迅速地蔓延至整个建筑，火势发展迅猛，而火场中产生的有毒气体、高温烟气都会对人员造成伤害。

3. 内部火灾易快速蔓延，建筑物易倒塌

多数场馆内部的舞台、观众厅、设备等处都是通过过道等相互连通的，发生火灾后，凭借良好的通风条件，会造成一处着火、多处燃烧的情况；而且大型场馆属于大跨度建筑，一般采用钢结构，火灾中带有闷顶的钢屋架，木质屋面房盖、吊顶被烧穿后，20 ~ 30 分钟即可能塌落。

问题 8. 校园配套经营服务场所有哪些火灾危险性?

在高校内，除了需要了解宿舍、实验室、图书馆、食堂等场所的火灾危险性及预防措施外，还有一些部位也需要注意，如车棚、变电站等，车棚中的电动车，变电站中的变压器油都是近年来引发火灾次数较多的可燃物质，如不加防范，也会形成一定的火灾规模。

1. 电动车火灾危险性

（1）充电中存在的危险性。电动车在充电的过程中，电流和电压都大于原车线路匹配的电流和电压，因此线路和电器元件局部过热，容易发生火灾危险。

（2）组件采用可燃有毒材料制成。电动车的围挡、坐垫、灯具等组件大量采用可燃的合成高分子材料制成，在火灾中燃烧速度快但不充分，起火后会产生大量的有毒烟雾。

（3）高温烟气。电动车起火以后会在短时间内使火场达到很高的温度，其产生的烟气温度也很高，能短时间扩散到整栋建筑中，造成建筑内氧含量降低。

（4）停放不当造成的危险。很多场所都没有专属的电动车充电处，所以只能将电动车存放在楼梯间、走道或者是推入室内充电。一旦电动车发生火灾，火焰和浓烟会封堵建筑的安全出口、逃生通道，容易造成人员伤亡甚至群死群伤。

2. 变电站火灾危险性

（1）变压器的火灾危险性。变压器大多采用油浸自然冷却式，里面充满了大量矿物绝缘油，闪点为140摄氏度，易蒸发、燃烧，同空气混合能构成爆炸混合物。

（2）高压油开关的危险性。高压油开关具有较大的火灾及爆炸危险性，如果油开关不能迅速有效地灭弧，则温度可达3 000 ~ 4 000摄氏度的电弧会将油热分解成碳氢化合物等易燃气体，有可能引起燃烧或爆炸。

（3）线路、电缆的危险性。线路短路，导线过负荷、导线连接处局部接触电阻过大，都会产生大量热量，可能引起绝缘材料受热着火燃烧，有的还会产生火花，使线路近旁的可燃物起火，从而导致火灾危险。

问题9. 校园图书馆有哪些火灾危险性?

图书馆是高校内重要的文化场所，也是学生课余时间主要学习场所之一。很多校园图书馆收藏的各类图书、报刊都是记录人类历史文化和现代文明的重要资料。当前，图书馆规模越来越大、作用日益凸显，其组织和功能也越来越复杂，做好校园图书馆消防安全工作，对于文化的保护与传承、高校师生人身和财产安全的保护，具有重要意义。校园图书馆的火灾危险性如下：

1. 易燃物质大量堆积，燃烧迅速

图书馆收藏有大量图书、报纸、杂志、档案材料、音像材料和光盘资料等可燃物质，再加上图书馆中内部书架、柜、箱和桌椅板凳等，存在巨大的火灾危险性。

2. 超负荷用电造成电气火灾

图书馆中电气安装不当是引发火灾的主要原因之一。图书馆为满足现代化的需要应用大量的现代电子设备，这些设备的加入使图书馆用电线路急剧增加，出现超负荷使用电气线路的情况，从而容易发生各种电气事故引发火灾。

3. 往来人员复杂，消防意识薄弱

图书馆往来人员众多，部分读者和工作人员自身消防安全意识不足，在图书馆中吸烟等情况也极易引发火灾。

问题10. 校园食堂有哪些火灾危险性?

高校的学生食堂、教工食堂一般较为开阔，装修比较简单。但有的高校会在食堂内设置餐厅、咖啡厅、茶室等功能性包间，为追求环境氛围，其内部有较多的装修及隔断等，还装有装饰性灯具，供电线路复杂，具有一定的火灾危险性。另外，用火、用电频繁也是重要的火灾隐患。因此，其火灾危险性表现在以下几点。

1. 初起火灾隐蔽，不易被及时发现

操作人员一般会注意灶台上可燃物的清理而忽视上方烟道的潜在危险隐患。如果清理不及时，若有明火吸入烟道引燃油烟，等到发现时，明火已布满烟道。

2. 电气线路隐患大

高校食堂的使用空间一般比较紧凑，各种大型厨房设备种类繁多，用火、用电设备比较集中，且厨房工作环境温度高、湿度大，容易造成用电设备的超负荷运行、短路以及其他故障。

3. 人员消防意识淡薄，管理不完善

部分食堂乱用明火，食用油及燃料用油存放不合理，加之学校对相关人员的培训不够，消防制度不完善，不能把安全责任制和事故责任制相结合。

问题 11. 学校大型活动有哪些火灾危险性?

高校的大型活动主要包括大型会议、展览、文化活动、体育活动和大型集会等群众性活动，按照场所不同一般分为室外大型活动和室内大型活动两种。其中室内大型活动一般在会议场馆、展览场馆、体育场馆、演出场馆以及临时性场馆等地方举行。高校学生思想活跃，大型活动相对较多，这些活动无论是在室内还是在室外，都有规模大，临时性强，参与人数多，用火、用电多的特点，因此具有一定的火灾危险性，做好活动的消防安全工作极为重要。学校大型活动的主要火灾危险性如下：

1. 人员密集，容易造成人员伤亡

大型活动中通常会有大量人员聚集在同一个空间，在发生火灾的时候，容易造成严重的人员伤亡。

2. 有易燃易爆物品存在，极易发生火灾

大型活动中，例如篝火晚会等活动中存在有易燃易爆的物品，易出现爆炸等情况造成人员伤亡。

3. 未进行消防安全检查，没有相应的疏散预案

组织具有火灾危险的大型活动应在 20 日前向当地消防机构申报，消防机构检查合格后，方可举办。在很多大型的活动中，火灾事故发生后通常不能及时组织疏散，往往造成人员拥堵的情况出现，甚至部分人员不知道事故的发生，使得救援不能及时进行。

专题三：高校火灾案例

问题 12. 学生常用的哪些电气设备是频繁起火的“祸首”？

高校的建筑物、供电线路、供电设备，都是按照实际使用情况设计的，在宿舍内违章使用大功率电器，如电饭锅、电吹风、电热杯、

“热得快”等，使供电线路过载发热，加速线路老化而引发火灾。

【案例 1】某高校一名学生在宿舍内使用电热杯，插上电源插头后，电源线拖在被子上，这时有同学找他有事，他就离开了宿舍，过了一段时间，发现有烟从窗户冒出，原来是线路超负荷运行，发热，绝缘层熔化，造成线路短路起火，低燃点的被子靠近线路，助长了燃烧。

【案例 2】某高校学生宿舍一女同学，使用“热得快”电器烧水，该女生把“热得快”插上电后就离开宿舍去上晚自习，不久，该电器漏电发生火灾，烧毁床头柜、床板等物品，直接经济损失 800 多元。

【案例 3】西安某大学一学生违章使用“热得快”，因未拔电源而离开宿舍，导致“热得快”短路引发火灾。

【案例 4】北京某大学发生火灾，据报道，此次火灾共烧毁 4 张床、4 床被褥和一些日用品等。

问题 13. 学生私自乱拉电源线路引发的火灾有哪些？

违章乱拉、乱接电线，容易损伤线路绝缘层，引起线路短路，从而引发火灾事故。

【案例 5】南京某高校男生宿舍楼突然起火，猛烈的大火很快将整间宿舍烧个精光，所幸没有人员受伤。据调查，这个宿舍存在着私拉电线的现象，当天下午宿舍内的计算机一直没关，计算机发热引发了火灾。

问题 14. 长时间使用电气设备，人走不断电引发的事故有哪些？

【案例 6】合肥一所高校女生宿舍楼一寝室突发大火，致寝室内衣服、棉被、书籍、床上木板及室内木制品全被烧毁。因扑救及时，幸未造成人员伤亡。原因是手机在无人时充电，充电器发热引发火灾。

【案例 7】某高校一宿舍发生一起火灾事故，致使配置给该宿舍使用的长条桌、物品柜等设施因火灾被损，另有价值 4 000 余元的学生个人财物被烧毁。经查，这起火灾事故是由于该宿舍两名同学将应急灯长时间充电（13 个小时，寝室当时无人），使蓄电池过热，引燃桌下纸箱内的易燃物造成的。

【案例 8】某高校男生宿舍楼一寝室起火。校方保卫人员用灭火器及时扑救，四个床位烧毁了两个。起火时寝室里没人，是台灯长时间没有关闭引发火灾。

另外，电视机、饮水机、计算机、空调等电器由于长时间通电，也会引起电器内部变压器发热、短路而起火。

【案例 9】某大学南主楼 6 层东侧一正在装修的屋子突然失火，校方立刻疏散了在 4 层以上楼层自习的学生。消防队赶到后将火扑灭。据调查，起火的是屋内一柜式空调机，火灾中无人员受伤。

【案例 10】某大学学生宿舍发生火灾，房间内的财物被烧毁。经调查发现，起火的原因是房间内的饮水机没有水但继续通电工作，造成饮水机发热而发生火灾。

问题 15. 学校定时供电或因故障停电时，火灾风险会增大吗?

【案例 11】某大学一同学在使用电热壶的过程中，因线路维修临时停电，她出门时忘记拔掉插在电源上的电热壶。十分钟后来电了，电热壶将水烧干，并将塑料底盘熔化。熔化的塑料所产生的异味被路过的同学察觉，及时报告了公寓管理员，才没酿成大祸。

【案例 12】某高校学生使用电吹风时，突然停电，电源插头未拔，就离开宿舍，来电时又没有回到宿舍，电吹风较长时间工作，引起火灾。

问题 16. 吸烟对火灾发生的影响有多大？

吸烟是校园里比较普遍的现象，而因吸烟引起火灾也是很常见的，下面这些情况都很容易引起火灾：

（1）醉酒后吸烟或卧床吸烟。

（2）随手将烟头、未熄灭火柴梗乱扔，引燃周围可燃物酿成火灾。

（3）把点燃的香烟随手放在可燃物上，如书桌、箱子上，人离开时烟火未熄，结果引起火灾；或因烟头被风吹落，引着可燃物而引起火灾。

（4）校园内在秋季会有很多的树叶，很多清洁工会把这些树叶扫到一起，如不慎将烟头丢在里面，易引起校园火灾。

【案例 13】广州市的一所寄宿学校发生火灾，造成 8 名正在准备高考的学生死亡，25 人受伤。这起校园火灾惨剧是由未熄的烟头引燃了一间休息室的沙发后引起的。

问题 17. 从高校实验室火灾中应吸取哪些教训？

实验室使用风干机、烤箱、电炉等大功率电器较多，是导致实验室火灾的主要因素之一。实验室一旦发生火灾，损失大，人员伤亡大、难于扑救，历来是高校的防火重点部位。

【案例 14】某学院实验室二楼实验仪器发生火灾，由于扑救及时，未造成人员伤亡，原因是实验室的仪器在用电过程中，长时间未拔下插头，造成仪器发热着火而酿成火灾。

【案例 15】某学院实验室实验设备长时间供电，实验设备老化、失灵，引发火灾，幸亏扑救及时未酿成大的火灾。

【案例 16】某高校化学系共有 3 个房间起火，着火面积 80 平方米。一间实验室发生爆炸，内部存放有化学品，造成一名实验人员死亡。火灾发生后，及时组织楼内师生撤离，周围人员也已疏散。不幸身亡的实验人员是一名博士后。爆炸的是一个氢气钢瓶，爆炸点距离操作台仅两三米。钢瓶底部发生爆炸。钢瓶原长度约 1 米，爆炸后只剩上半部约 40 厘米。据了解，钢瓶厚度为 1 厘米，可见当时爆炸威力巨大。

问题 18. 学生在宿舍内不能动用哪些类型的明火？

【案例 17】某高校宿舍学生，在宿舍点燃了蚊香（放在鞋盒子里，且周边堆有杂乱的衣物等可燃物）后外出上网，因蚊香点燃了可燃物，导致整个宿舍全部烧毁。整个宿舍楼 300 多人在浓烟中疏散、安全撤离，所幸没有人员伤亡。此前一天，该高校两名学生在另一公寓走廊使用液体酒精炉吃火锅，在没有熄灭火焰的情况下添加酒精，导致引发火灾。造成两人烧伤，其中一人烧伤面积达 40%。

触目惊心的案例告诉我们，安全无小事，生命最宝贵，警钟要长鸣。在我们生活的校园，每一个不安全行为不仅会伤害到自己，而且可能会危及他人的生命财产安全。“关注安全，关爱生命”应做到“不伤害自己、不伤害别人、不被别人伤害”。从身边点滴的安全小事做起，自觉做到：

（1）不乱接电源，防止由乱接电源使电流过载导致的火灾。

（2）严禁使用破损的插头、插座等接线板，不购买和使用质量低劣的电气产品，一定要选用有国家认证标志的合格电气产品。

（3）不使用老化、接头处无绝缘胶布包扎的电线，不使用无插头的接线。

（4）不私自安装床头灯、台灯，不要将台灯靠近枕头、被褥和蚊帐等易燃物，保持安全距离，不用可燃物直接遮挡白炽灯泡。

（5）不违章使用电热毯、“热得快”、电炒锅、电饭锅等电热器具。

（6）做到人走灯灭，关闭电源，节约能源，消除隐患。

第 2 篇　防火篇

【引导语】“11·9”消防宣传日临近了，学校准备举办一次“11·9大学校园消防宣传周”活动，以提高在校师生的消防安全意识。前段时间，本市另一所高校的实验室发生了火灾，虽然无人员伤亡，但也造成了不小的社会影响。小王作为学校学生会宣传部的部长，正紧锣密鼓地张罗着宣传活动。本篇主要基于防火基本原理和与高校内建筑相关的防火知识，重点阐述高校消防安全重点场所的火灾防范措施，以供高校师生、管理者学习，协助学校做好防火工作，减少以至杜绝火灾的发生，保障广大师生生命、财产安全。

专题一：防火理论

目前，高校师生的防火安全意识并不强，对很多防火安全的基本知识也不是很了解。大学校园消防宣传的第一步就是要给广大师生普及防火基本知识，如火灾是什么？防火的基本原理是什么？校园里有哪些防火措施？掌握这些基本知识不仅能避免一些火灾安全事故的发生，也会减少不必要的人员伤亡。

问题 19. 火灾的本质是什么？

火灾是指在时间上、空间上失去控制的一种燃烧。从本质上看，火灾是一种特殊的燃烧现象。而燃烧时可燃物与助燃物相互作用会发生强烈的热化学反应，反应过程中通常伴有火焰、发光（或）发烟现象，否则不能称为燃烧。如生石灰遇水，是放热的化学反应，但没有发光现象；电炉、电灯通电后既可发光又可放热，但没有发生化学反应，所以也不能称为燃烧。

火灾的发生需要满足一定的条件，既需要有可燃物、助燃物、引火源的参与，同时三者均需满足一定量的要求，并且相互作用。通常将这三者及三者之间的关系用着火三角形来表示，如图 2-1 所示。从化学角度看，燃烧是一种特殊的氧化还原反应，有研究表明，很多燃烧反应并不是在初始反应之时一步完成的，而是游离基和原子等中间产物快速进行的循环链式反应引发的，因此又引入了着火四面体的概念，即认为火灾的发生还有游离基的参与，如图 2-2 所示。

图 2-1 着火三角形

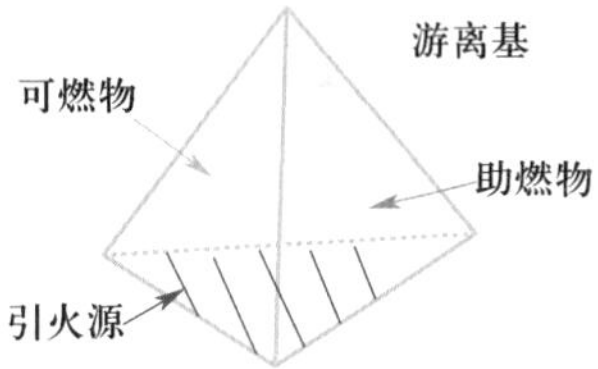

图 2-2 着火四面体

小知识

可燃物——不论是固体、液体、气体，凡是与空气中的氧气或其他氧化剂发生燃烧反应的物质都叫作可燃物。有些可燃物是由单一元素组成的，如碳、氢、硫、磷、钾、钠等。还有些可燃物是由若干元素组成的化合物及其混合物，例如木材、煤炭、棉花、纸张、酒精、煤油等。

助燃物——凡是能帮助和支持燃烧的物质，都是助燃物，如空气、氧化剂等。氧化剂的种类很多，最常见的氧化剂就是氧气和空气。卤族元素的氟、氯、溴、碘也是氧化剂。另外还有许多化合物也具有氧化剂的作用，如硝酸盐、高锰酸盐及过氧化物。

引火源——凡是能够引起可燃物燃烧的能源都叫引火源。引火源的种类很多，常见的是明火，其他还有化学能、电能、机械能和核能等转化成的热能，如打火机打火、炽热的电灯泡、热烟头、聚集的日光等都能引起可燃物燃烧；摩擦、撞击和电火花也会引起燃烧；金属钠遇水产生化学热能，发生剧烈化学反应，能自行燃烧爆炸。

游离基——是一种高度活泼的化学基团，能与其他自由基和分子起反应，从而使燃烧按链式反应的形式扩展。根据燃烧的链锁反应理论，燃烧过程中存在未受抑制的游离基作中间体，考虑游离基参加燃烧反应的附加维，从而形成着火四面体。

小贴士

小小一团火，失控酿成灾；
一灾毁所有，常识快学来；
本质为燃烧，呈现光热态；
发生有条件，可燃物先在；
加上助燃物，引火源也来；
还需一定量，彼此不分开；
若言怎防火，你先猜一猜。

问题 20. 防止火灾发生的基本原理是什么？

根据火灾发生的原理，破坏燃烧条件的形成，就可以从源头防止火灾的发生，而对于已经发生的燃烧，削弱或者破坏燃烧条件，也能防止火灾蔓延扩大，因此防火的基本原理有以下几点。

1. 控制可燃物

以难燃或不燃材料代替易燃、可燃材料，涂抹防火涂料等，可以提高房屋耐火等级；对散发可燃气体或蒸气的场所通风换气，防止积聚形成爆炸性混合物；关闭可燃气体、液体阀门，防止泄漏等。

2. 隔绝助燃物

使可燃性气体、液体、固体不与空气、氧气或其他氧化剂等助燃物接触，将它们隔离开来，那么即使有引火源作用，也因为没有助燃物的参与而不致发生燃烧爆炸。例如，对使用、生产易燃易爆化学危险物品的生产设备实行密闭操作，防止其与空气接触；使用惰性气体保护；隔绝空气储存、储运等。

3. 消除引火源

实际生产、生活中常见的引火源有生产用火、火炉、干燥装置（如电热干燥器）、烟筒（如烟囱）、电气设备（如配电盘、变压器等）、高温物体、雷击、静电等。这些引火源是引起易燃易爆物质着火爆炸的常见原因，控制这些引火源的使用范围和避免其与可燃物接触，对于防火防爆是十分重要的。通常采取的措施有设置禁止烟火标志、严格明火作业，润滑、采用不发火材料、减少材料间的撞击摩擦，隔离、冷却高温物体，防止日光照射，密封、接地、避雷、安装防爆灯具等。

4. 阻止火势蔓延

防止火焰或火星作为火源窜入有燃烧爆炸危险的设备、管道或空间，阻止火焰在设备和管道间扩散，或者把燃烧限制在一定的范围不致向外蔓延。对危险性较大的设备和装置，应采用分区隔离的方法；安装安全防火防爆设备，如安全液封、阻火器（如图 2–3）、单向阀、防火阀（如图 2–4）等。

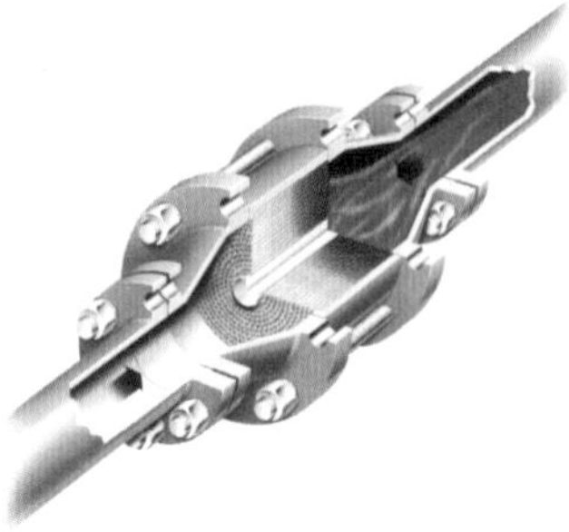

图 2-3　阻火器

图 2-4　防火阀

小知识

燃烧性能——依据规范《建筑材料及制品燃烧性能分级》（GB 8624—2012），建筑材料及其制品的燃烧性能可以划分为四个等级，分别为 A 级（不燃材料）、B_1 级（难燃材料）、B_2 级（可燃材料）和 B_3 级（易燃材料）。

爆炸性混合物——是指可燃性气体或蒸气与助燃性气体形成的能够引起爆炸的均匀混合系，除了常见的爆炸性混合气体外，还包括爆炸性粉尘。爆炸性混合物存在爆炸极限，在爆炸极限范围内才能发生爆炸。

阻火器——是用来阻止易燃气体、液体的火焰蔓延和防止回火引起爆炸的安全装置，通常装在输送或排放易燃易爆气体的储罐和管线上。阻火器是依据火焰通过热导体的狭小孔隙时，会由于热量损失而熄灭的原理设计制造的。

防火阀——是为了阻止火焰沿通风管道蔓延而设置的阻火

装置。正常情况下，防火阀受环状或条状的易熔元件控制，处于开启状态，一旦着火，温度升高，易熔元件熔化，闸门自动关闭，从而阻断火的蔓延。

小贴士

防火原理并不难，破坏燃烧的条件；
一是控制可燃物，二是隔绝助燃物；
三是消除引火源，四是阻止火蔓延；
善用以上这四点，千万方法除火患。

问题 21. 建筑内烟火的蔓延途径是什么？

建筑火灾一般发生于建筑中的某一房间或部位，随后蔓延到相邻房间、全楼层，乃至整栋建筑。建筑火灾的蔓延，其实质是火灾中燃烧的火焰和烟气携带着热量，沿着建筑内的门窗、孔洞、通道进行传递，导致火灾的不断扩大，烟气流动的方向通常是火势蔓延的一个主要方向，依据建筑火灾实际的发展过程，烟火从起火房间向外蔓延的途径，主要有以下几个。

1. 水平方向的蔓延

烟火从起火房间的门窜出后，首先进入室内走廊，如果与起火房间相邻房间的门没关闭，就会进入这些房间，将室内物品引燃。如果这些房间的门关闭，则烟火要待房间的门被烧穿后才能进入。即使在走道和楼梯间没有任何可燃物的情况下，高温仍可以通过热对流从一个房间经过走道传到另一个房间。

2. 通过竖井蔓延

建筑物内部有大量的电梯、楼梯等竖井，这些竖井往往贯穿整个建筑。当烟火在走廊内流动时，一旦遇到这些竖井，则会迅速向上蔓延，同时也会向其他楼层扩散。

3. 由外窗向上层蔓延

在外墙面，高温热烟气流往往会沿窗口外墙及上层窗口向上蔓延，烧毁上层窗户，引燃房间内的可燃物，使火灾蔓延到上部楼层。一方面，由于火焰与外墙面之间的空气受热扩散形成负压，周围冷空气的压力致使火焰贴墙面而上，使火焰蔓延到上一层；另一方面，由于火焰贴附外墙面向上蔓延，致使热量透过墙体引燃起火楼层上面一层房间内的可燃物。

4. 通过空调系统管道蔓延

建筑空调系统未按规定设防火阀、采用可燃材料风管或可燃材料保温层都容易造成火灾蔓延。通风管道蔓延火灾一般有两种方式：一是通风管道本身起火并向连通的空间（房间、吊顶、机房等）蔓延；二是通风管道把起火房间的烟火送到其他空间，造成大量人员因烟气中毒而死亡。

小贴士

建筑烟火真可怕，一旦产生危害大；
无孔不入四处窜，高温毒害你我他；
水平门窗后走廊，竖井管道往上爬；
沿着外窗再扩大，空调管道传递它；
如若措施不牢靠，整栋建筑全烧垮。

问题 22. 建筑物防火措施有哪些?

由于烟火“无孔不入、欺软怕硬”，那么只要采取一定的防火保护措施，在薄弱部位设置“安全卫士”严防死守，就能有效避免火灾发生或阻止火势蔓延。我们所在的建筑一般都配有这样一套防火系统，接下来就来看看这个系统都有哪些安全措施吧。

1. 总平面防火

建筑设计之初，要根据其使用性质、火灾危险性、地势和风向等因素，进行合理布局。如建筑之间设置一定的防火间距；合理划分功能区，特殊建筑物或实验室、机房、设备用房等功能用房要设置在特定的部位，限制其所在楼层；预留消防车道和消防车操作空间，为消防车顺利扑救火灾创造条件等。

2. 提高建筑物及构件的耐火等级

提高建筑物及构件的耐火等级即保障建筑物在火灾高温的持续作用下，墙、柱、梁、楼板、屋盖、吊顶等基本建筑构件，能在一定的时间内不被破坏，从而起到延缓和阻止火灾蔓延的作用。耐火等级由建筑构件的燃烧性能和耐火极限来确定。提高建筑物耐火等级的技术措施有：选用耐火极限较高的不燃或难燃材料，选用阻燃材料，喷涂防火涂料等。

3. 设置防火分区和防火分隔

采用耐火性较好的分隔构件将建筑物空间分隔成若干区域，一旦某一区域起火，则会把火灾控制在这一局部区域之中，防止火灾扩大蔓延。常见的防火构件有防火墙、防火门窗、防火卷帘等。

4. 设置防烟分区

根据热烟气的蔓延特点，在建筑物内设置挡烟构件（如挡烟梁、挡烟垂壁、隔墙等），以将烟气控制在一定范围内，再配合排烟设施排烟，就能有效减少热烟气的扩散，为人员安全疏散和火灾扑救提供条件。

5. 楼梯间的防火防烟

根据建筑物的使用性能和火灾危险性，选用不同类型的楼梯间，如开放楼梯间、封闭楼梯间或防烟楼梯间，以防止烟火沿疏散通道蔓延。图 2-5 为楼梯间的形式。

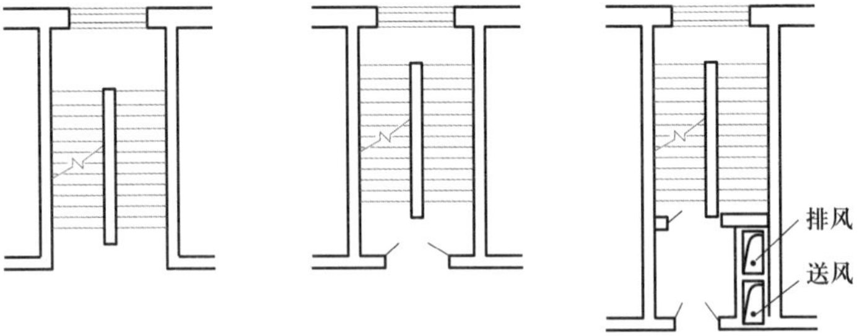

(a) 开放楼梯间　(b) 封闭楼梯间　(c) 防烟楼梯间

图 2-5　楼梯间形式

6. 特殊建筑物或部位的防火防爆

对于设备用房、供电设施、物资仓库、有火灾危险的实验室、学校食堂等建筑物或重点部位，除应采取总平面防火设计外，还需采取相应的防火防爆措施，如采用防爆电气设备、合理选择导线材质和线路敷设方式、规范危险物品储存和使用。

小知识

防火间距——防止着火建筑在一定时间内引燃相邻建筑且便于消防扑救的间隔距离。

耐火极限——在标准耐火试验条件下，建筑构件、配件或结构从受到火的作用时起，至失去承载能力、完整性或隔热性时所经历的时间。

防火分区——在建筑内部采用防火墙、楼板及其他防火分隔设施分隔而成，能在一定时间内防止火灾向同一建筑的其余部分蔓延的局部空间。

封闭楼梯间——在楼梯间入口处设置门，以防止火灾的烟和热气进入的楼梯间。

防烟楼梯间——在楼梯间入口处设置防烟的前室、开敞式阳台或凹廊（统称前室）等设施，且通向前室和楼梯间的门均为防火门，以防止火灾的烟和热气进入的楼梯间。

小贴士

防火功能真需要，建筑安全才可靠；
总体防火规划好，防火间距不能少；
耐火等级提提高，抗火抗烧不能倒；
防火分区先来设，防烟分区配套好；
楼梯形式定要对，人员疏散安全保；
重点部位再来看，防火防爆要有效。

专题二：宿舍生活防火

宿舍是大学生在校生活的主要场所。繁忙的学习之余，宿舍生活满足了大学生休息、娱乐、社交的种种需求。加之现代大学宿舍的功能愈加丰富和生活化，给大学生提供了一个自由和发挥创造力的空间。然而我国大学宿舍一般住 4 ~ 8 人，其带来舒适的同时也增加了许多安全隐患，其中火灾的安全隐患尤为突出。那么下面我们就看看如何更为安全地享受大学宿舍生活吧。

问题 23. 学生宿舍用电如何防火?

随着我国经济的发展，许多学生宿舍配备了计算机、电视机、空调、电风扇等大功率电器，而宿舍往往只有一个插座，学生们有时不按照安全用电的有关规定，随意安接接线板，拖拉电线，增加用电设备，超负荷用电现象严重。很多学生还在宿舍使用电熨斗、电热毯、电水壶、电吹风、“热得快”等电热器具，这些都极易造成电线短路，引发火灾。所以在宿舍科学合理地用电就显得尤为重要。

1. 严禁私接电线和违规使用接线板

均在宿舍用电方便，学生常会通过私自接线或用多个接线板相互连接等形式进行供电，这样不仅线路负荷增加，而且由于使用的大多是低负荷的软电线，长期超负荷运行后会出现绝缘老化，极易导致火灾发生。此外，这些操作可能出现连接不牢固、连接方式不当等问题，易引发线路和用电设备的短路、接触不良、漏电等故障。

2. 不违规使用电热器具

电热器具的发热元件具有功率大、导热快、温度高等特点，极易引起电路超负荷、线路发热、加速线路老化等问题，如果使用不当，极易引燃周围可燃物，造成火灾。而且宿舍的供电线路采用的是电线，不是电缆，不允许使用大功率电器。

3. 科学使用照明灯具

白炽灯、碘钨灯等照明灯具表面温度高，能烤燃附近的易燃、可燃物。日光灯虽然温度不高，但镇流器可能因散热不良、线路故障等原因产生高温，进而引燃可燃物。在使用照明灯具时，应保证与可燃物之间保持必要的安全距离，严禁用纸、布或者其他可燃物遮挡灯具；超过 60 瓦的白炽灯、碘钨灯等不应直接安装在可燃基座上。

4. 避免长期待电

长期待电不仅会消耗电能、造成电辐射危害，还会降低用电设备使用寿命、加速线路老化，甚至可能发生自燃或者爆炸，因此应做到电器使用后彻底断电。此外，如果遭遇突然停电，切记断开电源，以免再次通电后的瞬间大电流造成电气故障而引发火灾。

5. 做到科学充电

长时间给手机充电，会引起手机电压和电流的不稳定，进而对手机电池产生强烈冲击，造成电线短路而引发火灾；因此在为手机、数码相机等设备充电时，尽量不要在夜间睡觉或无人在场时进行，并且一定要注意远离易燃物品。

6. 养成良好用电习惯

除了上面提到的科学用电注意事项外，还应养成雷雨天气断电源、使用正规电器、人走电断、保持电器散热不遮挡等良好用电习惯。宿舍用电不能不拘小节，也不能随性而为。一个小小的用电错误，就可能会威胁到我们的生命安全。

小知识

漏电——绝缘损坏或其他原因而引起的电流泄漏。电器外壳和市电火线间由于某种原因连通后，和地之间会形成一定的电位差，从而产生漏电。

电弧——一种气体放电现象，是电流通过某些绝缘介质（如空气）所产生的瞬间火花。电弧是高温高导电的游离气体，它不仅对触头有很大的破坏作用，使断开电路的时间延长，而且极易引发火灾。

线路老化——主要是指电线的绝缘层及保护层在长时间的光照、温度变化等因素的作用下失去了绝缘及保护作用的情况。线路老化会导致电流泄漏甚至短路起火。

电缆——通常是由几根或几组导线（每组至少两根）绞合而成的类似绳索的电缆，每组导线之间相互绝缘，并常围绕着一个中心扭成，整个外面包有高度绝缘的覆盖层。多架设在空中或装在地下、水底，用于电信或电力输送。

自燃——是指可燃物质在没有外部火花、火焰等火源的作用下，因受热或自身发热并蓄热所产生的自行燃烧。电气线路长期带电的情况下，也可能会发生自燃，甚至爆炸，造成人身伤害和财产损失。

小贴士

宿舍用电规矩多，切莫小觑忽视它；
私接电线不可取，加热器具更可怕；
照明灯具科学用，可燃物品远离下；
长期待电应避免，充电更要讲方法；
雷雨天气不用电，人走电断 OK 啦；
养好习惯保安全，宿舍生活笑哈哈！

问题 24. 宿舍常见的易燃易爆危险品有哪些？

如果将易燃易爆危险品与大学宿舍相联系，有些人不以为意。殊不知，在宿舍里也存在不少的易燃易爆危险品，稍有不慎，后患无穷。下面就让我们一起盘点下宿舍里常见的易燃易爆危险品吧。

1. 手机锂电池和充电宝

这并非危言耸听，手机爆炸这种新闻常有报道，其真正的元凶正是锂电池爆炸。锂电池在发生掉落和损坏、高温老化、使用错误的充电器、内部进水短路以及穿刺等情况下，都有可能发生爆炸。而充电宝也一样，如果发生挤压、冲击等外部作用，就可能发生内部短路，从而自燃或爆炸。因此，购买手机、充电器或充电宝，应选择正规产品且型号匹配，不用时应妥善保存、注意保护其不受损坏、远离可燃物，更忌在充电时使用。

2. 打火机

抽烟的同学请注意，切忌将打火机放在计算机散热处或者用电设备上。一次性气体打火机，其盛装液态气体的塑料容器在 40 毫升以上时，气体会受热膨胀，塑料壳体会因受热发生爆炸。切勿挤压、撞击打火机，最好放在阴凉处，避免阳光直晒，发生爆炸。

3. 香水、花露水、驱蚊水、空气清新剂、啫喱膏、发胶等

同打火机一样，这类日用品常含有酒精或者为高压储罐，遇到高温（发热的用电设备、阳光直晒）、明火或者碰撞也可能会发生膨胀爆炸，因此这类物品应放置在不易磕碰的阴凉处。

4. 白酒及酒精类用品

虽说这类物品禁止在宿舍使用，但却屡禁不止，所以也要注意这类物品的使用。白酒含有大量酒精，磕碰、遇火或高温时会燃烧甚至爆炸。而贪吃火锅的大学生，在严禁用加热器具的宿舍里使用酒精燃料吃火锅，也要注意，如果酒精炉存在质量问题，很容易导致失火，甚至爆炸。酒精燃烧时，温度能达到两三百摄氏度，极易烧伤人的皮肤。

5. 微波炉

微波炉加热快捷又方便，宿舍里不免会有使用者。如若使用，注意微波炉使用年限，加热不要使用金属器皿，应使用耐热的陶瓷或玻璃等器皿，不能用来加热带壳的鲜蛋和已煮熟的蛋，禁止加热装在密封容器内的液体或其他食物；当食物在塑料、纸、或其他可燃材料制成的简易容器中加热时，应随时注意，防止起火。

小贴士

言及易燃易爆品，切莫一笑当无聊；
宿舍里面真不少，让我给你数一数；
手机电池充电宝，打火机也凑热闹；
香水花露驱蚊水，空气清新啫喱膏；
贪杯宝宝的白酒，酒精器具也吵吵；
如果使用微波炉，千万你要操作好；
妥善储存这一切，违禁物品咱不要。

问题 25. 宿舍阳台可以成为储藏间吗？

“宿舍里住着 6 个人，书柜书架、衣柜都装满了东西，翻翻收货单还有一大批物件待带回，看着阳台有点空，做个储藏室吧。”宿舍里的同学们是否也曾这样想过，甚至付诸了现实？宿舍的阳台能成为储藏室吗，下面我们来聊一聊。

从建筑防火角度讲，答案是否定的。首先我们来看一下阳台在建筑防火中的作用：位于下面一层的房间起火时，火焰从窗口冒出往上蹿，钢筋混凝土结构的阳台可以有效地阻隔往上蔓延的火焰；当房门、楼梯或过道被浓烟烈火封锁，人被困在房间里无法逃生时，位于底层的人员可以攀住阳台边的落水管或借助绳索脱离险境，如果阳台相连，则可朝安全的阳台转移，或者躲避在阳台，等待消防救援。

如果在宿舍阳台堆放大量物品，甚至改造成储藏间，相当于留下了安全隐患。首先，储存在阳台的物品本身就是大量堆积的可燃物，遇到丢弃的烟头或者电气线路着火就会引发火灾，而且下层蹿越的高温烟火可能引燃这些物品，加速火灾蔓延；其次，设在阳台的储藏间，也无疑给火灾逃生和消防救援增加了风险。

听完这些隐患，你还有把阳台做储藏间的想法吗？还是还阳台一个清净吧，没事隔窗远望或者坐在阳台享受阳光、下午茶或者音乐，岂不美哉？

问题 26. 宿舍里装扮彩灯彩带会增加火灾危险性吗？

恰逢舍友生日，宿舍里正在举办一个小型聚会，张灯结彩，很有氛围。大家相聊甚欢之际，头上的彩灯“咔，咔，咔……”闪了几下，灭了！不过一会儿，就听见宿管人员在楼道里大声嚷嚷，这头宿舍里鸦雀无声……同学小聚一下，本可以增加感情、促进社交，但是在宿舍里这样装扮一番安全吗？

不言而喻，答案又是否定的。就彩灯本身而言，存在着极大的火灾隐患：彩灯电线不绝缘、线径较细，使用时彩灯悬挂、灯头处导线直接受力、极易损坏线路，彩灯直接通过插孔或接线板连接室内供电、无单独的过流保护装置，灯头外围布满彩带等装饰物或与室内可燃物接触，而且彩灯多成簇或者成团布置，长时间照明情况下也会导致线路高温，以上种种都可能“闪”出火来。此外，市场销售的彩灯产品质量良莠不齐，有些存在着很严重的质量问题，也存在着极大的漏电风险。

看完这些，是不是一阵后怕？对呀，氛围诚可贵，生命价更高，还是让我们选择另一种方式庆祝吧，毕竟祝福的安全比氛围重要得多吧！

小贴士

同学小聚心情妙，彩灯彩带装扮好；

谁知其中太危险，火灾教训你吓倒；
彩灯电线不绝缘，连接线径也很小；
灯头悬挂线受力，也无过流保护器；
长期照明致高温，一串一簇太热闹；
如果碰见可燃物，闪出火来吓一跳。

问题 27. 楼梯间的防火门一定要关闭吗？

清闲的周末，在宿舍里睡个懒觉是很不错的选择，谁料宿舍里这几个大汉的脚臭实在难忍，打开门窗，再把楼梯间的门打开通通风，这下可好多了。大学生活中，经常会有这样的情况，为了通风或者进出方便打开楼梯间的门，竟不知这样一个看似方便的动作也存在不小的隐患。

按照建筑使用性质来讲，宿舍属于居住建筑范畴，具有人员比较集中、建筑物内可燃物多、用电负荷大等特点。大学宿舍楼多采用的是封闭楼梯间，即在楼梯间入口处设置门，以防止火灾的烟和热气进入的楼梯间。封闭楼梯间的门多为乙级防火门，且朝向疏散方向（楼梯间内）开启，通常为关闭状态。封闭楼梯间的采用，一方面可以阻挡烟在楼梯间内传播扩散，另一方面楼梯间是建筑中最主要的安全区域，可供火灾情况下进行人员安全疏散。然而在实际使用过程中，楼梯间防火门存在着种种消防问题。

1. 防火门经常性开启

正常情况下，防火门应处于关闭状态。防火门一旦常开，当火灾发生时，人员由于忙于疏散，难以有充足的时间去关防火门，这就给烟火蔓延埋下了隐患。

2. 闭门器和防火门遭到不同程度的损害

有些人认为防火门阻塞道路、造成通风和照明受阻，进出门时不爱护，搬东西磕碰、用脚踢等现象时有发生，加上检修不及时，就会使防火门失去在火灾中的应有作用。

3. 防火门安装不当

有些防火门未按要求安装，导致这些防火门在使用过程中发生松弛和关闭；而新的防火门关闭的制动器安装不当，也可能导致防火门难以闭上等问题。

因此，为了保证楼梯间防火门发挥应有的作用，应该注意防火门的使用和维护，从源头上解决“防火门常开”的习惯性错误行为。

小知识

居住建筑——指供人们日常居住生活使用的建筑物，可分为住宅建筑（住宅、公寓、别墅等）和宿舍建筑（如学生宿舍、职工宿舍等）。

乙级防火门——耐火极限不低于1.0小时的防火门。此外，还有甲级防火门和丙级防火门，耐火极限分别不低于1.5小时和0.5小时。

小贴士

楼梯间的防火门，阻隔烟火利疏散；

不为方便常开门，爱护有加才安全。

问题 28. 宿舍里可以给电动车充电吗?

现在许多大学校园都是开放式的校园环境，宿舍、教学楼、实验楼、图书馆的距离较远，步行时间较长，由于电动车具有小巧、便捷的特点，成为不少大学生的新宠儿。随之而来的就是充电和防盗问题，很多大学生选择将电池拆下来搬回宿舍充电，这无疑给宿舍增加了安全隐患，近年来电动车在室内或楼道内充电而引发的火灾屡见不鲜。下面我们一起看一下电动车充电时的火灾危险性吧。

1. 充电回路内部故障易引发火灾

充电器电源线、输出线由于经常缠绕、拉扯、老化等原因易造成绝缘层损伤，蓄电池组内单个蓄电池之间连接线受挤压、扭曲变形也易造成绝缘层龟裂、导体裸露，加之充电插头插入不牢、使用劣质插座等，都会造成电气线路短路。

2. 使用不合格的电动车电池和充电器易引发火灾

使用充电器插头很容易和电动车电池上的插座呈现不配套的情况，使用低劣质的充电器给电池充电或者更换了与原来不一致的电池，均会发生充电不匹配，这无疑极大增加了引发火灾的可能。

3. 火灾多发生在夜晚，极易造成人员伤亡

电动车一般都在白天使用，夜晚充电，如果起火不能被及时发现和扑救，会引燃宿舍内存在的大量可燃物，使火势扩大和造成人员伤亡。此外，住在较低楼层的学生，也有可能将电动车直接推进室内充电，而电动车车体材料及配件多采用高分子材料制作，其燃烧性能好，燃烧速度快，会产生大量有毒烟气，导致人员中毒伤亡。

4. 存在爆炸风险

现在的新型电动车多采用锂电池。锂本身是活泼金属，具有较高的爆炸危险性，锂电池的生产质量参差不齐，由于制作工艺的疏漏易导致爆炸。此外，过充情况下可能会产生氧气与氢气共存的爆炸性混合物，也存在爆炸风险。

为了防止电动车充电发生意外，应该做到以下几点：一是尽量选择学校规划的电动车充电桩或校园附近的正规充电点充电，严禁在宿舍内充电。二是尽量避免在晚上充电，避免过充，充电一般不应超过8小时。三是避免将电动车的充电器放置在车垫、海绵或堆放易燃易爆物品等容易受热起火的地方。四是选择正规渠道购买型号匹配的充电器。五是定期对电动车进行维护检修，并选择专业的维修机构和人员，不得擅自拆卸电气保护装置。

小知识

电动车充电回路——包括从充电器电源线及插头、充电器本体、充电器输出线到电动车充电插座、插座与蓄电池连接线、蓄电池端子之间的电气线路和电气元件。

小贴士

大学校园美又大，骑电动车真方便；
充电防盗问题多，奇招险招更可怕；
宿舍里面把电充，殊不知这风险大；

充电回路会短路，多因线路易老化；
错误使用充电器，引发火灾因为它；
夜间充电真方便，死神来临真可怕；
过充易生爆炸物，遇见明火可爆炸；
为求你我都安全，宿舍里面不要它；
充电远离可燃物，定期维护和检查；
正规渠道保养下，规范使用保大家。

问题 29. 宿舍使用空调要注意哪些防火事项?

天气太热了，吹个冷风；空气太潮了，除除湿；又或还未供暖，天气已经转凉，开个空调……现在的大学宿舍大多数都设有空调，其功能也愈加完善，无疑给大学宿舍生活增添了几分舒适和惬意。这不，住在上铺的小王斜靠着墙，在空调下吹着冷风，拿着笔记本查资料，怎料空调突然一阵异响，让小王陷入了沉思：空调会着火吗？怎么安全使用空调呢？

1. 空调火灾原因

空调的主要部件有压缩机、冷凝器（室外机）、蒸发器、风扇、四通阀等。制冷时，压缩机将氟利昂由气态压缩成液态，经由蒸发器氟利昂会气化，吸收热量，蒸发器变冷，风扇再将室内空气从蒸发器吹过，从而实现制冷。通过四通阀使氟利昂反向流动就可实现制热。由于空调为大功率电器，在使用过程中，也会因为电气线路故障而引发火灾，其原因如下：

（1）电容器被击穿引起空调燃烧。空调电机的电容器，由于质量和内压值不够，在受潮或电源电压高的情况下，易被击穿，导致燃烧。

同时，空调的主机材料多为可燃材料，为燃烧蔓延创造了条件。

（2）风扇电机卡住不转，导致过热起火。空调风机运转过程中，轴承磨损或风机故障使风扇电机的电流迅速增大，或者制热时突然停机、停电，电热丝与风扇电机同时切断或风扇发生故障，电热元件余热聚积，使周围温度上升，在没有热保护装置的情况下，电机线圈有可能因为过热而起火。

（3）使用不当。使用空调时，违反操作规程，在停止制热后，没有冷却电热部分，使电热部分仍保持较高的温度。空调停止后被立即启动或断电后瞬间通电，导致压缩机排气两侧的压力差比较大，引起压缩机负荷增加，电流剧增，导致电机烧毁。

2. 空调使用的防火事项

为了保证空调的使用安全，结合空调的工作原理及火灾危险性，应注意以下几点：

（1）做好使用前检查准备。认真阅读使用说明书，按规定操作，切莫胡乱按遥控器；检查电源插头是否插紧，是否会造成接触不良，损坏空调。

（2）注意空调启闭方式。空调的开机、停机都要使用开关，不要用直接插拔电源插头来开、停空调。直接插拔电源插头不仅会造成空调控制系统被损坏，而且在插拔时会在插头和插座之间拉电弧，造成人身安全事故。

（3）使用专门的电源插座和线路。由于空调为大功率电器，为专用电源线路供电，切不可和其他用电设备共用电源线，更不可随意通过插线板转接到其他电路，以免由于大电流或过负荷而引发故障。

（4）不要在短时间内连续切断电源。当停电或拔掉电源插头后，一定要将选择开关置于“停”的位置，待接通电源后，重新按启动步骤操作，主要是避免空调停止后立即启动而带来的压缩机负荷增加，引起过电流。为此，遭遇突然停电时，还应及时将电源插头拔下，通电后稍等几分钟再接通电源。

（5）制热后注意通风冷却。因为电热丝热惯性很强，空调电热部分断电后，若不用风扇对其冷却，在相当长的一段时间电热部分仍然保持着较高的温度，有引发火灾的风险，为避免制热后电热部分冷却不足而引起的热量蓄积，需冷却 2 分钟以上。

（6）附近避免堆放可燃物。空调不要靠近窗帘、门帘等悬挂物，以免电机发热起火。悬挂式空调正下方也不要放置可燃物，更不要用可燃物遮挡空调，以防止散热器堵塞而引起热量蓄积。

（7）认真对待日常维护和异常情况。平时注重定时对空调内外机进行检查和保养，定时清洗和擦灰除尘。如果出现异常，应立刻关机、切断电源，并按照要求报修，请专业人员进行维护。

（8）养成良好的使用习惯。一是温度不宜设置过低。设置适宜温度，不仅可以避免不必要的电力消耗，也能减少因室内外温差过大而带来的身体不适。二是防止空调连续长时间运行，避免长时间运行而带来的关键部件发热、过负荷等问题。三是避免长期待机和雷雨天使用、错开用电高峰期使用等。

小知识

四通阀——具有四个油口的控制阀，为制冷设备中不可缺少的部件，主要是通过内部的阀门和活塞的移动实现不同气路的联通，从而实现打通制冷或制热循环。

热惯性——指当物质的环境温度瞬间变化，物质本身温度变化的滞后性，它取决于物质本身的比热容和质量。

小贴士

空调功能真强大，知冷知热服务佳；
使用过程需注意，防火知识话一话；
用前阅读说明书，电源插接来检查；
随意接点不可用，切勿连续启闭呀；
停电及时断电源，通电也勿急用它；
注意通风和冷却，可燃物请远离下；
做好日常的维护，出现异常断电哈；
温度不宜设过低，雷雨天气不用它；
长期运行和待机，耗电不说危险大；
良好习惯需养成，安全用它笑哈哈！

问题 30. 宿舍内使用电热设备要注意哪些防火事项?

又是一个清闲周末的早晨，昨晚查阅资料弄到半夜，小王这会还躺在被窝里睡懒觉，突然下铺的小李呼喊“出事了，出事了”，吓得小王一个激灵起身。原来是昨天女生宿舍着火了，有人用卷发棒做头发，还没断电就将其放在书架上出了门，幸好宿管人员例行检查，发现得早，不然后果不堪设想。虽然禁止在宿舍使用电热设备，但你身边是不是也有这样胆大粗心的同学？下面就让我们聊聊你身边的电热设备吧。

1. 宿舍可能出现的电热设备

“瞧一瞧，看一看，不要 998，只要 9.8！美食达人们，请看这款电煮锅、小功率电炒锅、蒸蛋器、电磁炉，是不是让你心动呢，买就包邮，还送限量版多功能炒锅。这位小姐姐别走啊，咱家还有迷你版电吹风机和超可爱的卷发棒，爱美不要错过哦！天冷不愿出门，想喝热水怎么办？我们帮您想办法，这款电水壶怎么样？寒性体质怕冷的小姐姐，咱家也有电热毯和电热取暖器，来一套吧，让你暖起来。这些功率太大，宿舍里面用不了？没事，买就送宿舍变压器！”

如今的电热设备真是琳琅满目，只有你想不到的，没有买不到的，电商的出现和发展更是推动了这些产品的应用。细数下，你的宿舍有多少电热设备？

2. 电热设备的火灾原因

根据电热设备火灾的统计分析和电热设备的市场和应用调研，可以将火灾原因归纳为以下几类：

（1）存在设计缺陷。电热设备未设置控温元件，长时间使用会致使内部持续加热、温度不断升高引起火灾；大功率电热设备使用截面过小的导线或容量过小的开关、插头，造成发热或打火引起火灾；使用劣质材料，耐火性能未达到标准，如电水壶的杯座材料隔热性能差、电热毯的电热丝本身有缺陷且在使用中发生断裂等。

（2）接触不良。一方面是电热设备插头与插座的接插部位处理不当，会产生电弧或电火花，引燃可燃物；另一方面是电源线与电热设备发热元件接点处理不当造成接触电阻过大、高温过热甚至打火引起火灾，如电磁炉的发热部位接触点处理不当就会出现此类现象。

（3）安装不当。有些产品的使用电压与我国现行电压标准不符，易发生过电压、发热量过大等现象；电热设备电源导线规格、型号选用不正确、不合理，没有必要的隔热措施；使用者不懂得电热设备性能、使用方法，随意改动电热设备，引起电气故障火灾。

（4）使用不当。电热设备与周围可燃物质之间距离较近，可能会引燃周围可燃物；把未完全冷却的电热设备放在可燃物上，或把可燃物放在未经冷却的电热器具上而引起火灾；工作结束后、停电后未切断电源，致使电热设备长时间烘烤可燃物，发生火灾。

（5）维护不当。电热设备使用时间过长，导致电源线绝缘破损或失效造成短路，引燃周围可燃物，引发火灾；电热设备电路部分进水引起漏电，如电饭锅、内胆与电热元件接触部分若进水，致使绝缘性能降低，引起漏电等故障，造成火灾；家用电热器具控温定时装置失灵，持续加热引起火灾。

3. 电热设备的防火措施

便捷生活的同时，惨痛的教训也让人生畏，那么在使用电热设备时应注意哪些防火措施呢？

（1）规范使用方法。使用前认真阅读说明书，依规使用，切忌违规操作。电热毯不随意折叠，“热得快”、电水壶切勿空烧，不能把电热设备浸泡于水中刷洗，防止安装电热丝的部位进水等。

（2）切勿麻痹大意。使用电热设备的过程中必须有人看管，不可中途随便离开，人离开时必须切断电源，尤其使用中遇到停电时切忌拔下插头，否则来电后无人知晓，任其通电可能会酿成火灾。

（3）远离可燃物。电热设备应放置在瓷砖、铁皮柜等不燃材料上使用，切不可直接放在桌子、柜子上，以免起火。使用中或用完未冷却的电热设备应远离易燃、可燃物品。此外，应避免电热设备因长时间工作而引燃可燃物质。

（4）注重维护保养。日常注意对电热器具的维护，使用前须检查设备是否完好。当发现电源引线损坏、老化或开关、插销及熔断器不完整时，均不准使用电热器具。

谈了这么多，最重要的就是充分利用好学校的公共资源，避免在宿舍内使用电热设备，尤其是大功率电热设备。

小知识

控温元件——是一种周期性的温度敏感控制元件，在正常工作期间，其通过自动接通或断开电路来保持被控件的温度在某些限值之间。

电热元件——通过电阻元件把电能转变为热能的技术应用形式，常见的电热元件有电热丝、电热管、电热膜等。

熔断器——指当电流超过规定值时，以自身产生的热量使熔体熔断而断开电路的一种电流保护器。作为短路和过电流的保护器，是应用最普遍的保护器件之一。

小贴士

电热设备真方便，使用不好惹大乱；
品种繁多挑花眼，可能设计有缺陷；
电源插接若不牢，接触不良易故障；
安装使用和维护，不当兴许惹祸端；
依规操作讲方法，麻痹大意怎心安？
使用之时有人在，人走一定把电断；
停电更要拔插头，长期工作更免谈；
注意远离可燃物，日常维护也要严；
公共资源利用好，违禁不用保安全。

专题三：校园公共场所防火

余晖散尽的傍晚，路灯初上，微风徐徐，徜徉在去往图书馆的路上，时不时看看路旁的校园美景，小王脸上洋溢着青春的微笑，不禁感叹现代大学生的幸福。是啊，现代大学校园，有现代化、信息化、功能化的教室、实验室、图书馆、体育馆、礼堂和配套设施，功能齐全，又各具特色，满足了大学生学习和生活的种种需求。就在这时，只见那片空草地上，十几个学生聚在一起，有说有笑，手里挥动着星星点点的光芒——烟火棒吧？小王一个转身，向他们走去……校园公共场所若发生火灾非常危险。作为大学校园的主人，我们知道该怎么科学使用校园公共设施，保护其免受火灾的侵害吗？

问题 31. 教室值日员要注意哪些防火事项？

“铃、铃、铃……”周五最后一堂课结束的铃声响了。这个周末，为了迎接即将到来的“11・9”消防宣传周，学校组织打扫卫生，小王负责统筹安排，有上课的普通教室，还有多媒体电教室、音乐教室、美术教室、舞蹈教室、体育教室、标本展览（制作）室和理化实验室，这么多种类的教室，人员好安排，但值日标准是什么？还好小王之前结合“11・9”消防宣传查了些资料，还跟一些专业老师取了取经，这不计划就出来了。作为教室值日员，绝不是扫扫地、擦擦桌子那么简单，防火检查更重要！

首先，检查有没有可疑可燃物。要看一看教室内的物品是否摆放到位，桌椅要整齐，桌斗、窗台、墙角有无杂物，垃圾是否倾倒干净，电源附近是否遗落可燃物品，灯具尤其是大功率灯具附近是否有可燃堆积物，专业教室如美术教室、标本展览（制作）室和实验室的专用设备和材料是否归放到位、是否有未处理的废弃物，如有不妥请在专业人员指导下操作。

其次，检查有没有可能的火源。要查一查电气设备如计算机、音响、投影仪等讲课专用设备，烘干机、加热器、搅拌器等实验设备以及照明、空调、新风机、通风机等配套设备是否关机、断电，是否存在私接电线和违规用电的情况，是否存在倾斜、倾倒或者损坏等情况，实验中的酒精灯、燃烧器等器材是否已经按照要求熄灭，有无易燃易爆物品如打火机、香水和遗留的手机、充电器等。

再有，灭火器和安全疏散检查也很重要。检查下教室或实验室附近的灭火器是否处于正常压力状态（红为欠压、黄为过压、绿为正常），是否有损坏、丢失、挪用的情况，走廊和附近的楼梯间内是否有杂物、自行车等占用疏散通道的物品，检查附近楼梯间的防火门是否损坏。

最后，严于律己与安全检查并重。除了细心检查外，打扫过程中注意拧干抹布后擦拭通电设备，切勿带水擦拭，更忌将水滴落在通电设备或不应接触水的物品上。对于值日员自己，不要在教室内吸烟，更不要在教室里给手机、暖手宝甚至电动车充电。专业教室最好在专业人员指导下整理或整理完后由其进行检查。检查完毕，打扫完卫生后，不要忘记关闭门窗，防火防盗同样重要。

小贴士

教室值日莫小觑，不能只是去打扫；
物品摆放要整齐，杂物垃圾处理掉；
合理放置可燃物，安全间距很需要；
电气设备要断电，若是损坏往上报；
是否存在明火源，燃爆物品应不要；
灭火器具也检查，疏散通道杂物扫；
严于律己值日员，切莫吸烟和充电；
专业人员来指导，防火防盗同重要。

问题 32. 如何辨识实验室的易燃易爆危险品?

小王给自己布置了艰巨任务——打扫实验室。虽然之前做了功课，但文科出身的他，还是被实验室柜子里的瓶瓶罐罐弄懵了，再扫一眼瓶子上那些标签，氯仿？木精？更是一脸无奈。好在实验室的甄老师在。于是小王请教甄老师，如何识别实验室的易燃易爆危险品。

大学实验室有用于基础课程教学的基础理化实验室，这和初高中的实验室很像。此外，还有用于专业课程教学、试验研究和科学研究的专业实验室，根据专业内容不同，有生化环境方面的检验、处理、分析实验室，爆炸火灾研究实验室，化工工艺、制药生产、食品检测实验室等。对于大部分理化方向的实验室，都会涉及易燃易爆危险品，那么如何科学地辨识它们呢?

1. 易燃易爆危险品定义及分类

现行《中华人民共和国消防法》(以下简称《消防法》)中规定的易燃易爆危险品，是指现行国家标准《危险货物分类和品名编号》和《危险货物品名表》中以燃烧、爆炸为主要危险特性的爆炸品、气体、易燃液体、易燃固体、易于自燃的物质和遇水放出易燃气体的物质、氧化性物质和有机过氧化物，以及毒性物质和腐蚀性物质中的部分易燃易爆危险品。

根据现行国家标准《危险货物分类和品名编号》，物质根据其危险特性分为九大类，如表 2–1 所示，其中前 5 类都是燃爆危险品，后 4 项中很多物质也具有燃爆危险性。

表 2-1 危险物品分类

类别	名称及内涵	项别及说明
第1类	爆炸品 （包括爆炸性物质、爆炸性物品等）	第 1.1 项：有整体爆炸危险的物质和物品，如高氯酸 第 1.2 项：有迸射危险，但无整体爆炸危险的物质和物品 第 1.3 项：有燃烧危险并有局部爆炸危险或局部迸射危险或这两种危险都有，但无整体爆炸危险的物质和物品，如二亚硝基苯 第 1.4 项：不呈现重大危险的物质和物品，如四唑并 -1- 乙酸 第 1.5 项：有整体爆炸危险的非常不敏感物质 第 1.6 项：无整体爆炸危险的极端不敏感物品
第2类	气体 （包括压缩、液化、溶解、冷冻液化的气体）	第 2.1 项：易燃气体，如一氧化碳、甲烷等 第 2.2 项：非易燃无毒气体，如氮气、氧气等 第 2.3 项：毒性气体，如氯气、氨气等
第3类	易燃液体 （常温下易挥发，其蒸气与空气混合能形成爆炸性混合物）	包括低闪点液体（闪点低于 -18 摄氏度的液体）、中闪点液体（闪点在 -18 摄氏度 ~ 23 摄氏度的液体）和高闪点液体（闪点在 23 摄氏度 ~ 61 摄氏度的液体）
第4类	易燃固体、易于自燃的物质、遇水放出易燃气体的物质 （这类物品易于引起火灾）	第 4.1 项：易燃固体、自反应物质和固态退敏爆炸品，如红磷、硫黄等 第 4.2 项：易于自燃的物质，如黄磷、三氯化钛、油纸、油布、油绸、赛璐珞等 第 4.3 项：遇水放出易燃气体的物质，如金属钠、氢化钾等

续表

类别	名称及内涵	项别及说明
第5类	氧化性物质和有机过氧化物（具有强氧化性，易燃烧、爆炸）	第 5.1 项：氧化性物质，如氯酸钾、高锰酸钾等 第 5.2 项：有机过氧化物，如过氧化甲乙酮等
第6类	毒性物质和感染性物质	第 6.1 项：毒性物质，如各种氰化物、砷化物、化学农药等 第 6.2 项：感染性物质
第7类	放射性物质	不属于《危险化学品安全管理条例》管理范畴
第8类	腐蚀性物质（指能灼伤人体组织并对金属等物品造成损伤的固体或液体）	包括酸性腐蚀品（如硫酸、硝酸、盐酸等）、碱性腐蚀品（如氢氧化钠、硫氢化钙等）和其他腐蚀品（如二氯乙醛、苯酚钠等）
第9类	杂项危险物质和物品	——

2. 易燃易爆危险品编号及标识

易燃易爆危险品可以通过《危险货物品名表》中物品名称及 UN 号进行查询。联合国编号（UN number）是由联合国危险货物运输专家委员会编制的 4 位阿拉伯数字编号，用以识别一种物质或一类特定物质或物品。通常每一种危险品对应一个 UN 编号，但对性质基本相同，运输、储存条件和灭火、急救、处置方法相同的危险品也可使用同一编号，现行国家标准《危险货物品名表》中每个条目都对应一个编号。此外，危险品的运输包装上还会张贴危险标识（联合国危险货物运输标志），有表明其危险性质的文字或图形说明，常见危险标识如图 2-6 所示。

爆炸品	第1.4项 爆炸品	第1.5项 爆炸品	不燃气体	易燃气体	有毒物品

易燃气体 或液体	易燃固体	易自燃物品	遇水易 燃物品	氧化剂和有 机过氧化物	感染性物品

放射性物品 （第Ⅰ级）	放射性物品 （第Ⅱ级）	放射性物品 （第Ⅲ级）	放射性物品	腐蚀性物品	危险性类别编 号的位置：**

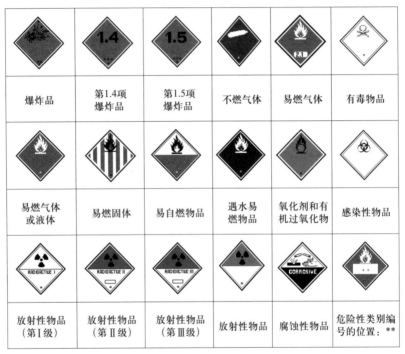

图 2-6　联合国危险货物运输标志

3. 易燃易爆危险品危险性

顾名思义，易燃易爆危险品的危险性首先就是易燃易爆，一般易燃固体的燃点，或者自燃点都比较低，外界条件容易满足，而易燃气体、粉尘的爆炸极限也容易达到，导致易燃易爆危险发生。此外，易燃易爆危险品火灾还有如下特点：一是突发性，易燃易爆危险品事故往往是在没有先兆的情况下突然发生；二是损失严重，易燃易爆危险品事故往往造成惨重的人员伤亡和巨大的经济损失，重、特大危险化学品事故比比皆是；三是扑救困难，不同的化学品在不同情况下发生火灾，扑救方法差异很大，若处置不当，不仅不能有效扑灭火灾，反而会使灾情进一步扩大。一旦发生火灾，迅速发展。

小知识

燃点——又称着火点，指物质在空气中加热时，开始并持续燃烧的最低温度。

自燃点——指可燃物质在助燃性气体中加热而没有外来火源的条件下起火燃烧的最低温度，亦称为发火温度。

闪点——在规定的试验条件下，液体挥发的蒸气与空气形成的混合物，遇火源能够发生一闪即灭现象的液体最低温度。

爆炸极限——可燃物质（可燃气体、蒸气和粉尘）与空气（或氧气）必须在一定的浓度范围内均匀混合，形成预混气，遇着火源才会发生爆炸，这个浓度范围称为爆炸极限，或爆炸浓度极限。爆炸极限有爆炸（着火）下限和爆炸（着火）上限之分。

小贴士

言及易燃易爆品，实验室里有不少；
首先注意爆炸品，事故预防早做好；
紧随其后压缩气，液化气体凑热闹；
管它闪点高与低，易燃液体挺能烧；

易燃固体自燃品，遇水还能来一爆；
氧化剂与过氧化，威力其实也不小；
有毒放射腐蚀物，没准也有淘气包；
认清个个真面目，才能安全又牢靠！

问题 33. 实验室易燃易爆危险品如何储存？

甄老师又带小王一一认识了一些物品，之后，他们来到一间小屋，门窗紧闭、窗帘也都拉着，光线极暗，小王急忙跑去拉窗帘，却被甄老师阻止了。小王一头雾水，甄老师细说缘由，原来房间里储存的物品不能见光，接着热心的甄老师又给小王科普起了实验室易燃易爆危险品的储存知识。

（1）易燃易爆危险品储存场所应满足相关标准规定的建筑及配套设施建设要求，电气设备应采用防爆型，地面采用不产生火花、容易冲洗且不渗漏的不燃材料砌筑。

（2）易燃易爆危险品储存应由专人负责保管，登记造册，安全存放，应做到严格密封保存，防止挥发和变质引起事故；搬运时，要轻拿轻放，防止震动、撞击、重压、倾倒和摩擦；定期检查使用和保管情况，发现异常应及时检查验证，不能盲目使用。

（3）易燃易爆危险品严格分类存放，标识明显，并采取隔离措施。遇水易发生爆炸、燃烧的化学物品，不准放在潮湿或易积水、漏水的地点；受阳光照射容易引爆的化学物品，要存放在阴凉处；压缩及液化气体储存场所应防火，并应避免日晒和受热，放置要平稳，避免震动；易燃、易爆、强氧化剂、强酸强碱等物品的储存必须分类隔离存放，阴凉通风，室温不超过 30 摄氏度。

（4）存放易燃易爆危险品的位置应远离热源、火源、电源，严禁烟火，并适当采取防静电措施；存储场所应有良好的通风、降温等安全措施，严格控制并保持室内的温度及湿度。大量储存可燃气体的场所应根据规定设置可燃气体检测报警装置。

（5）根据易燃易爆危险品的性质，采用适宜的灭火设备，对灭火剂、灭火器材和灭火方法相抵触的危险品，不准共同混储。做好灭火器材的维护保养，懂得消防知识，会使用灭火器材，会扑灭初起火。

小贴士

若想安全事故少，燃爆物品储存好；
首先要把场所选，防爆防燃需牢靠；
专人负责登记好，安全检查不能少；
分类存放标识明，隔离措施很必要；
防火防电禁烟火，通风温度别爆表；
配备适合灭火器，科学应对错不了！

问题 34. 操作有火灾危险的实验应做好哪些消防工作？

听到这里，小王不禁感叹做实验真是一项高风险作业，像甄老师这样的实验老师真了不起。甄老师道："别怕，科学实验有它的危险，这一点毋庸置疑，但科学实验也有它的魅力，不然哪有那么多的追求者？只要科学以待，是能防微杜渐、化险为夷的！"甄老师指着实验室墙壁上挂着的实验操作安全须知，又将该如何做好有火灾危险实验的消防管理工作，一一道来。

大学实验室容易出现的消防安全事故问题，很大程度上是实验过程中使用了易燃易爆或可燃性物品、实验操作过程用火用电不慎或者操作失误导致的。因此，做好实验室使用的安全管理，特别是消防安全管理，尤为重要。其实，现在的大学实验室都配备了专业能力过硬的实验室管理人员，而且还制定了一系列实验室安全管理制度和实验标准操作规程，并采取了一定的消防安全措施。那怎么利用好这些资源呢？

首先，学习实验安全规程。实验室安全管理制度和各科实验的标准操作规程，不仅是如何安全使用实验室的科学指南，还是渗透安全文化的有效抓手。这些文件一般都会规定实验室各级人员的权责、实验室使用的安全注意事项以及各科实验操作的正规流程，通过学习文件，可以清楚从进入实验室那一刻什么该做，什么不该做。有些同学不愿意看这样条条款款的内容，孰不知这字里行间都是对科学的敬畏、对生命安全的敬畏，又有谁该去拒绝呢？

其次，明确实验过程可能会有哪些火灾危险，以及可用的风险防控措施。实验过程中的火灾风险，无外乎是实验材料、实验仪器及操作所带来的。那么如何防控火灾风险呢？

（1）根据实验需要，进入具有易燃易爆危险的实验室时应穿工作服、换鞋，必要时穿隔离服，戴帽子、口罩和手套，不在实验台放置与实验无关的物品。

（2）熟悉并检查实验仪器、查看仪器使用记录，确保完好无损；检查相应安全警示装置（如测温仪、可燃气体检测仪、压力表等）是否落实到位。

（3）实验室内使用的易燃易爆化学危险品，应随用随领，按照要求使用专用器具称量，不能混用混装，对于怕光或遇热分解的物品遮光放置、遇水易爆物品隔水放置。

（4）熟悉实验操作流程并按流程进行操作，不熟悉操作流程者不能独立使用。特殊物品应该严格按照要求使用，如禁止把氧化剂与可燃物品一起研磨，不得在纸上称量过氧化物和强氧化剂；使用爆炸性物品、高氯酸及其盐、过氧化氢等物品，要避免撞击、强烈振荡和摩擦；乙醚应避免过多接触空气，防止其过氧化物的生成。

（5）使用有机溶剂和挥发性强的试剂时，应在通风良好的地方或通风橱内进行操作；使用易燃、可燃气体进行实验时，应在专用防爆设备内密闭操作或在通风橱内进行操作。

（6）禁火禁电场所或步骤，要严格遵守相关要求。禁止在存有爆炸物品与易燃烧物品的工作位置上使用明火及无遮蔽的灯具；禁止使用没有绝缘隔热底垫的电热仪器；往容器内灌装较大数量的易燃、可燃液体时（醇、酸等电解质除外），要有防静电措施。

（7）严禁在实验室内饮水、进食和吸烟，实验室冰箱内不得存放食物或其他与实验无关的物品；熟悉并会使用实验室内配置的灭火器材。

最后，实验完毕后，注意实验整理工作。一是使用的仪器设备应做好登记，恢复其原始状态，不能短时间内恢复原状的设备（如高温设备）应在一定时间内监视其恢复情况或转交给实验管理人员；二是使用的工具归放原处，未使用材料按照要求进行处理或放回原处；三是实验产生的废气一般通过通风管道或经过相应处理后排出，废水残液不能混倒和随意排入下水道，应按有关规定，经处理后再排入下水道，并用大量水清洗，散落的易燃易爆危险品、实验废渣和抹布、废纸等杂物不能直接倒入水槽或者乱丢乱放，要集中存放和处理。四是做好清洁实验台台面等实验室打扫工作，注意不能将不作处理的废弃物（如未完全熄灭的材料）当作垃圾扔掉。

小贴士

安全规程先学习，该或不该应知道；
实验开始那一刻，按规操作要记牢；
衣帽口罩和手套，必要时候穿戴好；
实验仪器要检查，安全措施需牢靠；
实验试剂和材料，拿取使用讲门道；
规范流程要熟悉，关键步骤细心到；
禁火禁电的场所，严格遵守风险少；
喝水进食和吸烟，千万别开这玩笑；
遇到危险也别怕，灭火器材来报道；
实验完后巧处理，仪器恢复原始状；
三废处理应有则，切莫乱放和乱倒；
最后检查和交接，清洁工作也做好。

问题 35. 电气设备集中的实验室要注意哪些防火事项?

晚上回到宿舍，细心的小王准备结合甄老师讲的知识，再准备些资料，在“11・9”消防宣传周上弄个板块儿好好宣传下。浏览网页的时候，看到好几例火灾都是实验室的电气设备引起的火灾，小王又陷入了思绪，电气设备集中的实验室有哪些火灾危险性？又该如何注意防火呢？

有些实验室如电工实验室、电器及线路故障研究实验室和包含精密仪器设备的实验室，电气设备比较集中，有些甚至是大电压大功率用电设备，其火灾危险性不言而喻：一是可能会因为设备或线路老化、误接短路、错用电源或保养维护不到位等原因导致电气设备故障，引发火灾；二是电气实验设备有些参数属于非正常生活使用的电压电流，若操作不当或长期操作引发老化、故障等，也会造成电气设备和线路故障火灾；三是一台设备故障，易引起关联设备故障，甚至火灾，损失严重；四是除电气设备外，实验室内或相邻实验室可能含有易燃易爆或可燃物品，一旦发生故障火灾或意外打火，有可能会导致爆炸发生或者火势迅速发展。

对于电气设备集中的实验室应注意以下防火事项：

1. 实验室应有良好的电击防护措施

保证电气设备完好，绝缘良好；采取良好的保护接地措施，应使用漏电保护器；不得私自拉接临时供电线路；实验室内为实验而临时拉用的电气线路应符合安全要求。

2. 实验室内的大型精密仪器等设备应有静电防护措施

防静电区内不要使用塑料地板、地毯或其他绝缘性好的地面材料，可以铺设导电性地板，可适当提高环境空气中的相对湿度。

3. 注意实验室内实验物品和材料的存放和使用

电气设备集中的实验室应避免与易燃易爆危险品一室存放，或应有符合标准的分隔措施，电冰箱内禁止存放化学性质相互抵触的物品和低闪点的易燃液体；二者同时使用时，应严格按照物品用量要求，规范操作步骤，在必要的保护措施和专业人员指导下开展实验。

4. 注意带电实验安全防护

使用高压电源和有静电产生的实验室时，要穿绝缘鞋、戴绝缘手套并站在绝缘垫上。不要穿化纤类织物、胶鞋。

5. 电热设备的使用要确保用电安全

使用烘箱和高温炉时，必须确认自动控温装置可靠；使用电加热器、电烤箱等设备，应做到人走电断；电源或电器的保险丝烧断时，应先查明原因，严禁使用普通金属代替保险丝。

6. 注重电气设备的使用、维护和保养

擦拭、检修电气设备前应确认电源已全部切断；严禁用潮湿的手接触电器和用湿布擦电门；电气设备使用后应按照要求关闭和断电。

问题 36. 组织人员聚集性活动要做好哪些消防工作?

小王还在浏览着网页，突然接到学生会会长的电话，下个周末，有一个先进事迹报告团来学校巡讲，要组织全校师生参加，让宣传部带头策划一下活动方案。放下电话，小王就开始张罗了起来……

像这种人员聚集性活动，大学每年都会举行很多次，如元旦晚会、毕业晚会、运动会、招聘会、展览会或者音乐会等，有时也会承担一些大学生赛事，会有很多校外人员来校比赛，人数之多，可谓是“人山人海”。像这样的聚集性活动，往往具有火灾危险性，活动的消防安全工作极为重要，稍有疏忽就有可能引起火灾事故。那么作为活动的承办方，该怎么做好这些聚会的组织工作，以确保活动现场的消防安全呢?

借鉴《大型群众性活动安全管理条例》和《消防法》的有关内容，学校组织人员聚集性活动应该做好以下几方面的消防安全工作：

1. 制定活动安全工作方案

方案应包括活动的时间、地点、内容及组织方式；安保工作人员的数量、任务分配和识别标志；活动场所消防安全措施；活动场所可容纳的人员数量以及活动预计参加人数；现场秩序维护、人员疏导措施；灭火和应急疏散预案。

2. 落实安全责任，开展宣传教育

落实活动安全工作方案和安全责任制度，明确安全措施、安全工作人员岗位职责，开展活动安全宣传教育；对于有校外人员参加的活动，应告知其活动方案，并做好身份核查和安全引导等工作。

3. 对活动现场进行防火巡查，确保场地安全

在活动开始前，应对活动场所、设施开展防火巡查：活动现场临时搭建的建筑物、增设的电气线路和悬挂物品是否符合相应的安全要求；活动现场消防设施是否完好有效；室内活动现场的安全出口、疏散通道是否畅通；应急广播、应急照明、疏散指示标志是否正常工作；消防车道是否通畅无占道；消防重点部位的运行状况、工作人员在岗情况是否符合要求；有无违规用电用火等消防违章行为和其他消防不安全因素。此外，还要在活动过程中和活动后，组织安保工作人员进行防火巡查，及时消除增加的火灾隐患。

4. 组织灭火和应急疏散预案的演练和完善

制定的预案应包括报警和接警处置、应急疏散组织、初起火灾扑救、通信联络和安全防护救护等程序和措施；要严格落实相关安全措施并组织演练；对预案存在的不合理的地方进行调整，确保预案贴近实际。

小知识

应急广播——指当发生重大灾害和突发事件时，在第一时间把灾害消息或灾害可能造成的危害传递给民众的一种迅速快捷的讯息传输通道。

应急照明——为人员疏散和发生火灾时仍需工作的场所提供照明设施。

疏散指示标志——为确保人员疏散安全，在疏散走道和主要疏散路线的地面上或靠近地面的墙上设置的发光指示标志；疏散指示标志的方向应指向最近的疏散出口或安全出口。

消防车道——指火灾时供消防车通行的道路。根据规定消防车道的净宽和净空高度均不应小于4米，消防车道上不允许停放车辆，防止发生火灾时堵塞。

小贴士

校园活动很丰富，学生聚会真热闹；
管理责任很重大，组织不好风险到；
工作方案先制定，方方面面不能少；
落实安全责任制，宣传教育也需要；
场地安全是基本，防火巡查要做好；
临时搭建需合规，消防设施应有效；
出口通道保通畅，疏散设施也可靠；
火灾隐患有或无，全面排查消一消；
应急预案应演练，危险若到消灭掉！

问题 37. 参加校园大型活动要注意哪些消防安全事项?

除了策划活动方案外，小王还想给同学们发一份倡议书，告诉大家参加校园大型活动时怎样做才安全又文明。之前，有几个同学在校园内的空场地上放烟火，让他很是担忧，不少同学安全意识比较淡薄，此外，也正好借着这个机会，为“11・9”消防宣传周的活动“暖暖场”。是啊，小王的担忧不是没有道理，社会上有许多大型群众性聚会发生消防事故的报道，何不在学校里把这一课上好呢？那么，我们应该怎么做？

亲爱的同学，你好！为更好地展现当代大学生的消防安全风貌，做合格的消防安全文明之人，为此，当你参加这样的校园大型活动时，我们倡议：

（1）文明有序进场和离场，服从安全管理。不起哄，不喝倒彩，不阻碍工作人员工作，爱护公物，不得有投掷杂物、乱扔垃圾以及一切不得体、不文明的言行。

（2）遵守活动场所治安、消防等各项管理制度，接受安全检查，不得携带爆炸性、易燃性、放射性、毒害性、腐蚀性等危险物质或者非法携带枪支、弹药、管制器具。

（3）人员及车辆服从疏导和管理，不得在疏散通道或消防车道处停放，不影响正常活动秩序。

（4）活动现场禁止吸烟或燃放烟火；禁止在活动现场违规用电；禁止有在疏散通道处发放宣传单等堵塞疏散通道的活动。

（5）如遇紧急情况，应保持镇静、沉着应对，服从工作人员的统一指挥，安全有序离场，以免影响安全疏散甚至发生踩踏事件。

小贴士

校园大型活动好，安全文明来参加；
有序进场和离场，文明言行人人夸；
配合安检和消防，违禁物品不带它；
人员车辆管理好，疏散通道别有啥；
吸烟烟火需禁止，违规用电也应掐；
遇着危险需镇静，听从指挥防踩踏。

问题 38. 大学食堂聚餐应该采取哪些防火措施？

大学校园中，除了功能齐全的教学设施、美丽的校园美景，还有一道风景不得不提，那就是大学的食堂。现在的大学食堂已不同于过去，其现代化功能愈加齐全，除了传统的打饭模式，自助餐、风味小吃和小炒窗口、零食吧、餐饮吧，有些还提供小包厢，学生就餐、小型聚会都能满足。生活在这样的大学校园真是幸福啊！不过用餐高峰期，用餐人数之多让人担心。此外，大学食堂的厨房大且多，用火燃气作业也很多。那么问题就来了，大学食堂应采取哪些防火措施呢？

对食堂的管理方而言，不仅要保证食品质量安全，还要贯彻落实食堂消防安全制度：

1. 学习、完善和落实消防安全制度

认真学习和贯彻落实消防规章制度，制定用电用火和用气安全操作规程，完善火灾应急工作机制，制定应急疏散预案并组织演练。

2. 组织员工学习消防知识、开展消防训练

员工要掌握基本消防知识，定期检查消防设备，熟练操作消防器

材，会使用消防器材、会扑救初起火灾、会组织人员的疏散、会正确报警。

3. 定期开展消防安全检查，及时排查消防安全隐患

排查电线电路是否老化、是否乱拉乱设等，冷冻机、烤箱、冰箱等电气设施是否正常运行；排查是否规范使用明火，严禁吸烟、严禁携带易燃易爆物品等；厨房内燃气燃油、管道、法兰接头、仪表、阀门是否正常，防止泄漏。

4. 规范厨具设备使用

设备使用后做到立即切断电源、气源，确保可靠安全；烹调时要谨慎操作，防止锅内油外溅，且不得离开岗位；灶具使用完后，清洁机器，保持炉灶前清洁，并定期对厨房地面、灶具、烟机和烟道进行清洁，防止油垢沉积过多引起火灾。

5. 规范物品存放

不在疏散通道堆放物品；厨房功能区合理规划，物品摆放有序，使用后放回原处；食堂库房要由专人负责，物品分类储存，注意与灯、墙、柱、屋顶的距离和堆垛之间的距离，注意通风和经常性检查，防止油品泄漏和食材变质；垃圾定点倾倒。

而对于就餐的大学生而言，需要注意以下防火事项：一是掌握必要的消防安全知识，特别是火灾下的自救和安全疏散常识，提升消防安全意识。二是掌握常用灭火器具的使用方法，会报警。三是文明有序就餐，上下楼时注意安全，不擅自进入厨房或者库房等地。四是不携带易燃易爆物品就餐，不在就餐区域吸烟和违规用火用电。五是如遇危险情况，沉着冷静，在工作人员组织下有序疏散。

小贴士

现代食堂功能全，就是用餐人数多；
火电燃气全都有，烟机灶具不少锅；
若想安全无事故，防火措施说一说；
消防制度应落实，责任意识不能弱；
员工要把规矩学，消防检查定期做；
厨具使用和清洁，规范操作需掌握；
物品存放需有序，乱放乱倒这是错；
文明就餐有秩序，应知应会不惹祸；
如遇危险莫恐慌，安全疏散天地阔。

问题 39. 参加私人派对需要注意哪些防火事项?

尽管大学食堂功能很完备，但如遇周末、节假日或重要活动，学生们还是希望能有一个自助自乐的场所，能放松下心情，享受自助备餐和朋友聚会的乐趣。私人派对就此应运而生，十几、二十人共聚一堂，不仅可以烧烤、做饭，还可以唱歌、看电影、玩棋牌、玩体感游戏等，十分受大学生的喜欢；但在享受自由、轻松、青春氛围的同时，这种形式的聚会也存在火灾危险。为啥？我们一起来看一下吧。

首先，不管什么形式的私人派对，都会涉及用火用电，甚至使用燃气等，火源危险不言而喻。其次，自助私人派对使用的物品数量多、种类多，而且举办私人派对场所本身存在的大量物品中可燃物品也很多。再有，参加私人派对的人数较多，人员行为各有不同，对娱乐设施、炊具的使用可能不规范，安全和消防常识掌握的程度也参差不齐。如果在私人派对过程中用火用电不慎，或出现室内燃放烟火等违禁行为，就可能导致大量可燃物起火，甚至因处理不当而酿成火灾。最后，提供服务的场所也会存在管理（特别是消防管理）方面的漏洞，如果私人派对地点为提供专门服务的商业场所还好一些，毕竟有相关部门对其消防安全进行审查，但如果是在一些租用的相对偏远的别墅或私人用房，那么就存在极大的火灾隐患，这些场所的装修可能不满足私人派对的消防安全需求，会使用大量可燃物料，缺乏必要的消防设施或消防安全措施等，也缺乏必要的监管和审查，一旦起火，后果不堪设想。

那么参加这样的私人派对都需要注意什么呢？一是尽量选择提供专门服务的商业场所，如果是租用别墅或房屋，应选择有经营执照的场所。二是主要组织者做好活动策划，规范活动内容，用火用电也应由有经验的人员操作，严禁违规用火用气，规范用电安全，禁止出现室内燃放烟火等违禁行为。三是根据活动内容和场所特点，合理存放和使用所需物品，烹饪用油、电气设备要远离火源，活动完成后，注意高温器具或炭火的冷却和熄火，避免带温或带火情况下与垃圾混装倾倒。四是应掌握必要的消防知识，熟悉场所环境，了解疏散通道、安全出口的位置，检查灭火器具是否正常，必要时自行购买和携带小型消防器具，并学会使用。

希望新型事物的出现，能带给我们更多的快乐，也希望危险远离我们，但这一切的前提就是我们要做好自己，做有意识、懂知识、会消防的大学生。

小贴士

私人派对是很好，火灾隐患却不少；
用火用电有风险，可燃物品样样有，
再有人员活动多，场所肯定不安全？
虽说自由诚可贵，生命珍贵不可抛；
场所选择很重要，活动策划要可靠；
规范操作和使用，违规行为咱不要；
必备消防知识学，一定技能少不了；
熟悉场所疏散道，灭火器具安全保。

第3篇　灭火篇

【引导语】近年来，我国高等教育事业迅速发展，高校规模急剧扩大，在校学生数量持续增加。高校内部人员密集，教学、科研、生活火源多，用电负荷大，实验室精密仪器、可燃易燃物多，稍有不慎极易引发火灾事故。高等院校一旦发生火灾，会造成重大的人员伤亡及财物损失，同时也会在社会上产生巨大的影响。高校学生作为具有良好的教育基础且具有一定认知水平的人群，掌握高校环境中初起火灾的处置方法非常重要。本篇就高校常见火灾类型，灭火方法，报告火警，基本灭火器材原理、设置场所及使用方法，典型场景初起火灾扑救等方面介绍相关灭火知识，目的是在介绍高校常见灭火问题的基础上，围绕火灾发生后，帮助高校学生及时发现火情，采用正确的方法报告火警，并能够使用有效的灭火器材与方法处理校园生活中常见的初起火灾。

专题一：灭火方法

燃烧的物质不同，灭火的方法也有区别。根据高校学习和生活中可能出现的起火燃烧物品将火灾进行分类，普及常见的灭火剂及不同灭火方法的灭火机理，可以指导高校学生在扑救初起火灾时选择恰当的灭火工具和材料。

问题 40. 高校中有哪些火灾类型?

对高校内常见的火灾进行分类，有助于高校学生选择正确的方法进行初起火灾处置。如何对高校中出现的可燃易燃物质的火灾进行分类呢?

我国把着火物质按照其类型及燃烧特性分为六个类别，分别为A、B、C、D、E、F 类火灾。木质床柜、桌椅、被褥衣物、书籍等固体物质火灾属于 A 类固体火灾；用电器具、带电实验设备、电子产品、电气线路等火灾属于 E 类带电火灾；而实验室内的易燃易爆危险品根据其存在的性状和危险性可能属于 A 类固体物质火灾、B 类液体或可熔化的固体物质火灾、C 类气体火灾及 D 类金属火灾。除此之外，还有校内食堂中可能发生的 F 类烹饪器具内的烹饪物（如动植物油脂）火灾。进行火灾分类，方便人们处置火灾时选择正确的火灾扑救方法。

小知识

火灾种类——根据可燃物的类型和燃烧特性将火灾定义为六个不同的类别：

A 类火灾：固体物质火灾。这种物质通常具有有机物性质，一般在燃烧时能产生灼热的余烬，如木材、干草、煤炭、棉、毛、麻、纸张等火灾。

B 类火灾：液体或可熔化的固体物质火灾，如煤油、柴油、原油、甲醇、乙醇、沥青、石蜡、塑料等火灾。

C 类火灾：气体火灾，如煤气、天然气、甲烷、乙烷、丙烷、氢气等火灾。

D 类火灾：金属火灾，如钾、钠、镁、钛、锆、锂、铝镁合金等火灾。

E 类火灾：带电火灾。物体带电燃烧的火灾。

F 类火灾：烹饪器具内的烹饪物（如动植物油脂）火灾。

小贴士

火灾类型要牢记，初起火灾有依据；
桌椅书籍等固体，均为 A 类固体火；
煤油柴油和石蜡，液体可熔为 B 类；
煤气甲烷和氢气，C 类均为气体火；
钾钠镁钛及锆锂，金属火灾为 D 类；
油脂火灾为 F 类，高校食堂常多发；

宿舍常见违规电，实验室里设备多；
带电火灾为E类，高校火灾列第一！

问题41. 灭火的基本方法是什么？

发现校舍内起火，如果火灾在初起阶段，即火焰只在地面等横向蔓延期间，或者在火蔓延到窗帘、隔扇等纵向表面之前，不要耽搁，要采用正确的灭火方法，及时扑灭，就可避免人员伤亡和财产损失。

为防止火势失去控制，继续扩大燃烧而形成灾害，需要采取一定的方式将火扑灭，这些方法的基本原理是破坏燃烧条件。主要灭火方法的灭火机理有以下几种：

1. 冷却法

可燃物一旦达到着火点，就会燃烧或持续燃烧。在一定条件下，将可燃物的温度降到着火点以下，燃烧即会停止。对于可燃固体，需将其冷却在燃点以下；对于可燃液体，需将其冷却在闪点以下，燃烧反应就可能会中止。用水扑灭一般固体物质引起的火灾，主要是通过冷却作用来实现的，水具有较大的比热容和很高的汽化热，冷却性能很好。在用水灭火的过程中，水大量地吸收热量，燃烧物的温度迅速降低，最终火势得到控制直至扑灭火灾。

2. 窒息法

窒息法是阻止助燃物（氧气、空气或其他氧化剂）进入燃烧区或用不燃物质进行稀释，使燃烧停止。常用的措施有：用不燃或难燃物覆盖燃烧物表面，用水蒸气或惰性气体灌注着火的容器，密闭起火建筑物的孔洞等。这些方法都会使燃烧区得不到足够的氧气而窒息。

3. 隔离法

使燃烧物和未燃烧物隔离，限制燃烧范围。例如，发现宿舍书籍起火，将火源附近的可燃、易燃易爆危险品和助燃物搬走；房间内火势扩大，迅速关闭燃烧房间的门和窗，隔离已燃和未燃房间；实验室内做实验时化学物质反应失控，抓紧关闭通往实验设备内的可燃物料的阀门，减少和阻止可燃物进入燃烧环境内；堵截流散的燃烧液体。

4. 化学抑制法

采用化学灭火剂消除燃烧反应赖以持续进行的游离基“中间体”，使燃烧终止。化学抑制法灭火的常见灭火剂有干粉灭火剂和七氟丙烷气体灭火剂，灭火剂参与到燃烧反应过程中去，中断燃烧的链锁反应。化学抑制法灭火速度快，使用得当可有效地扑灭初起火灾，减少人员伤亡和财产损失。

小贴士

用水扑灭固体火，吸热冷却是核心；
迅速覆盖燃烧物，氧气不足火窒息；
快速减少可燃物，隔离已燃和未燃；
化学抑制灭火快，干粉七氟丙烷气。

问题 42. 灭火剂有哪些种类?

凡是能够有效地破坏燃烧条件，使燃烧终止的物质，统称为灭火剂。目前灭火剂的种类主要有：水，气体灭火剂（包括二氧化碳、七氟丙烷和 IG541 灭火剂等），各种泡沫灭火剂、干粉灭火剂及金属灭火剂。

1. 水

水是应用最广泛的天然灭火剂。按水在自然界中的存在状态不同，可以分为固、液、气三种状态。其中液态的水，在消防中应用最为广泛。水主要用于扑救A类固体火灾。

2. 气体灭火剂

气体灭火剂成分主要有二氧化碳、七氟丙烷及惰性气体等。

二氧化碳是一种不燃烧、不助燃的气体。它易于液化，便于装罐和储存，制造方便，是一种应用比较广泛的灭火剂。二氧化碳灭火剂具有不与绝大多数物质反应、不导电、清洁、不污染物品、没有水渍损失、不会给使用场所带来二次污染等优点。同时，二氧化碳灭火剂具有储气钢瓶压力高、灭火浓度大以及二氧化碳在膨胀时能产生静电放电，有可能引起着火的缺点。

二氧化碳灭火剂主要适用于在封闭空间内扑救下列物质火灾：B类火灾；部分C类火灾，灭火后仍在泄漏，有可能形成新的爆炸混合物的气体火灾除外；固体表面火灾，但不能扑救具有有机特性、燃烧过程中可能伴有深位火的一般固体物质火灾；E类火灾（6 000伏以下）。二氧化碳灭火剂不能用于下列物质火灾的扑救：自身含有供氧源的一些化合物，如硝化纤维素、火药、过氧化物等；活泼金属及其混合物，如钾、钠、镁、铝、钛、锆、铀等。

七氟丙烷灭火剂是一种无色无味的气体，具有清洁、低毒、电绝缘性好、灭火效率高的特点，不破坏大气臭氧层，是目前替代卤代烷灭火剂的洁净气体灭火剂之一。七氟丙烷灭火剂主要以物理方式和部分化学方式灭火。非常适合保护电器、磁介质、文件档案或价值高的珍品及设备，并对保护的物品无损害，灭火后不留任何残留物。七氟丙烷灭火剂不能用于扑救以下物质火灾：能自身供氧的化学品，如硝化棉；含有氧化材料的混合物，如氯酸钠或硝酸钠；能自燃分解的化学物品，如某些过氧化物等；活泼金属及其氢化物，如锂、钠、钾、镁、铝、锑、钛、镉、铀、钚等。

IG541 灭火剂又称为烟络尽，由氮气（N_2）、氩气（Ar）、二氧化碳（CO_2）按一定比例混合而成，各成分所占体积比分别为 50%、42% 和 8%。IG541 灭火剂主要以窒息作用灭火，是目前替代卤代烷灭火剂的洁净气体灭火剂之一，适用于扑救 A 类火灾、B 类火灾和 E 类火灾。IG541 灭火剂特别适用于以下场所：必须使用不导电的灭火剂的场所；使用其他灭火剂易产生腐蚀或损坏设备、污染环境、造成清洁困难等问题的场所；保护区内经常有人工作而要求灭火剂对人体无任何毒害的场所。IG541 灭火剂不适用于扑救 D 类火灾以及含有氧化剂的化合物火灾。

3. 泡沫灭火剂

凡能够与水混溶，并可通过机械方法产生泡沫的灭火剂，称为泡沫灭火剂，又称泡沫液或泡沫浓缩液。泡沫灭火器一般由水、发泡剂、泡沫稳定剂、助溶剂及其他添加剂组成。泡沫灭火剂主要用于扑救 B 类非水溶性可燃液体火灾及一般 A 类火灾。特殊的泡沫灭火剂还可以用于扑灭水溶性可燃液体火灾。

4. 干粉灭火剂

干粉灭火剂是指用于灭火的颗粒直径小于 0.25 毫米的无机固体粉末。干粉灭火剂按灭火性能不同，可分为 BC 干粉灭火剂（又称普通干粉灭火剂）和 ABC 干粉灭火剂（又称多用干粉灭火剂），其中颗粒直径小于 20 微米时称为超细干粉灭火剂。超细干粉灭火剂按灭火性能不同，可分为 BC 超细干粉灭火剂和 ABC 超细干粉灭火剂。干粉灭火剂具有以下特点：灭火效率高，灭火速度快；具有优良的电绝缘性能，所以用干粉灭火剂直接扑救 130 千伏以下的带电设备火灾，不会发生电击危险；干粉灭火剂在灭火过程中基本没有冷却作用，扑救火灾时易在停止喷射后形成复燃。干粉灭火剂根据其成分不同主要用于扑救各种非水溶性和水溶性可燃液体的 B 类火灾，以及天然气和液化石油气等可燃气体的 C 类火灾或一般带电设备的火灾。

5. 金属灭火剂

当一些活泼金属在受热、接触水汽或与其他物质发生反应时，有时会起火燃烧。这些活泼金属发生火灾后，无法用水、泡沫、干粉、二氧化碳、七氟丙烷等灭火剂进行扑救，而必须用专用的金属灭火剂扑救。金属灭火剂主要有固体粉末灭火剂，固体粉末灭火剂主要有两类：一类是以石墨为基料的粉末灭火剂，如石墨粉；另一类是以无机盐为基料的粉末灭火剂，如氯化钠、碳酸钠、磷酸二氢铵、氯化钾等。粉末灭火剂的粒径应适合在燃烧的金属表面形成致密的覆盖层，其粒径大于干粉灭火剂。

不同灭火剂的灭火机理各不相同：

（1）水主要起到冷却灭火的作用，同时还具有窒息、稀释、乳化和冲击的作用。

（2）二氧化碳可起到冷却和窒息灭火的作用。

（3）七氟丙烷气体灭火剂可起到冷却、窒息和化学抑制的灭火作用。

（4）干粉灭火剂可起到化学抑制、冷却、窒息和隔离的灭火作用。

（5）泡沫灭火剂可起到隔离、冷却和稀释的灭火作用。

小贴士

灭火剂有很多类，我们一起来学习；
水灭固体 A 类火，应用广泛排第一；
二氧化碳来灭火，密闭空间 B 和 C；
二氧化碳有限制，以下情况要牢记；
硝化纤维和火药，自有供氧要禁用；
钾钠镁铝钛锆铀，活泼金属亦不用；
七氟丙烷灭火剂，无色无味效率高；
泡沫干粉和金属，灭火功能各不同。

问题 43. 可乐可以灭火吗?

可乐是深受现代年轻人喜爱的一种饮料，那么可乐是否可以灭火？现实中有相关报道：一辆轿车发生自燃，发动机盖处不断喷出火苗，这时有人取来可乐进行扑救，旁边部分市民也上前效仿，最终真把火给扑灭了，扑救这起火灾一共使用了 10 瓶大瓶装的可乐。

为了证明可乐是可以灭火的，消防部门做了实验。具体操作步骤是：拧开可乐瓶盖后，用拇指紧压住瓶口，用力摇晃瓶身，然后拇指与瓶嘴间分开一点缝隙，对准火源根部将可乐喷射出去，直至火焰熄灭。

那么使用可乐灭火的原理是什么？

可乐能灭火，是因为可乐中含有碳酸水，猛烈摇晃后释放出的二氧化碳和水形成足量泡沫，巨大压强使得泡沫喷溅而出，瞬间作用于着火面，可起到冷却、窒息、隔离的作用，其中的二氧化碳起到窒息的作用，水具有冷却的作用，泡沫覆盖于燃烧面，起到隔离的作用，这样可乐就变成一个简易的“灭火器”。其实，不仅是可乐，只要是含有二氧化碳的饮料，剧烈摇晃后，液体受到挤压，喷发变成泡沫水柱都可以达到灭火效果。但是要注意灭火的操作方法，并且不能扑救不可用水灭火的物质火灾，如某些遇水能产生危险的物质火灾。

小贴士

可乐能灭火？操作有窍门；
拇指压瓶口，瓶身猛烈摇；
瓶口漏缝隙，火焰根部喷；
冷却窒息快，简易灭火器。

问题 44. 水是万能的灭火剂吗?

俗话说“水火不容”，当发生火灾的时候，我们下意识选择用水扑灭。但事实上，并非所有的火灾都可用水扑救。有些物质火灾如果盲目取水扑救会适得其反，最终水反而会成为火灾的“助燃剂”，导致小火酿成大灾。

根据火灾的类型，扑救的方式也各有不同，所选择的灭火剂也不相同，要根据高校中存在的易燃可燃物质和火灾类型，选择正确的灭火剂灭火。

高校宿舍的木质床柜、被褥衣物、书籍等固体物质起火属于 A 类火灾，遇水不发生反应，可以用大量水进行灭火。其中书籍等怕水损坏的物质还可以选择气体灭火剂进行灭火。

校舍内电子产品、电气线路、用电器具、带电实验设备等火灾属于 E 类火灾，不可用水灭火，以免发生触电事故。可以选择不导电的干粉灭火剂和气体灭火剂进行灭火。其中精密的电子设备及试验设备最好用气体灭火剂灭火，保证其不被破坏。

高校由于具有教学和科研的双重任务，很多实验室储存了各种各样的易燃易爆化学品，处置起来要更加复杂，要充分了解每一种化学品的危险特性，选择正确的灭火剂灭火，否则就会适得其反，造成更大的危害。下面就根据典型危险品的危险特性举例说明：

（1）B 类火灾或可熔化的固体物质火灾不能盲目用水灭火，要依据性质而定。例如酒精、汽油、苯等比水轻又不溶于水的易燃液体着火，由于这些易燃液体会浮在水面上，所以用水灭火无效，可用泡沫灭火剂灭火；比水重又不溶于水的液体，起火时可用水扑救，水能覆盖在液面上灭火，用泡沫、干粉也有效；水溶性的液体，如醇类、酮类等，虽然从理论上讲能用水稀释扑救，但用此法要使液体闪点消失，水必须在溶液中占很大的比例，这不仅需要大量的水，也容易使液体溢出流淌，而普通泡沫又会受到水溶性液体的破坏，最好用抗溶性泡沫扑救。

可熔化的固体物质如沥青、石蜡等物质不能用水灭火。这些物质的熔点较低，在火灾中遇高温熔化，如果用直流水进行灭火，会使熔化的物质四处飞溅，造成火势的扩大和人员的伤害。可选择雾状水、干粉或砂土灭火。

（2）C 类火灾不可以用水灭火，主要有煤气、天然气、甲烷、乙烷、丙烷、氢气等易燃可燃气体。C 类火灾可选用泡沫、干粉等灭火剂灭火。

（3）D 类火灾不可以用水灭火。例如，各类碱金属及碱土金属如钠、镁等，绝不可以选择水及泡沫灭火剂灭火。碱金属及碱土金属也不能选择二氧化碳灭火剂灭火，可以选择专用的金属灭火剂进行灭火。

小贴士

高校里可燃物多，一旦着火破坏多，
灭火不可都用水，根据物质做选择；
木质书籍及被褥，都可用水来扑救；
汽油柴油食用油，甲烷氢气天然气，
还有金属及电器，切记不可用水救；
根据着火物质选，灭火安全又高效！

专题二：发现火灾与报告火警

问题45. 建筑室内火灾发展过程分为哪几个阶段？

高校火灾大部分发生在各类学校房间内，多数房间较为封闭，桌椅、书籍、被褥等可燃物众多，人员较为密集，一旦发生火灾，发展迅速，危险性大。对于这类室内火灾的扑救，应针对室内火灾发展的不同阶段，区别对待。

室内火灾发展经历了三个阶段：初期增长阶段、充分发展阶段、衰减阶段，如图3-1所示。

室内火灾的发展阶段

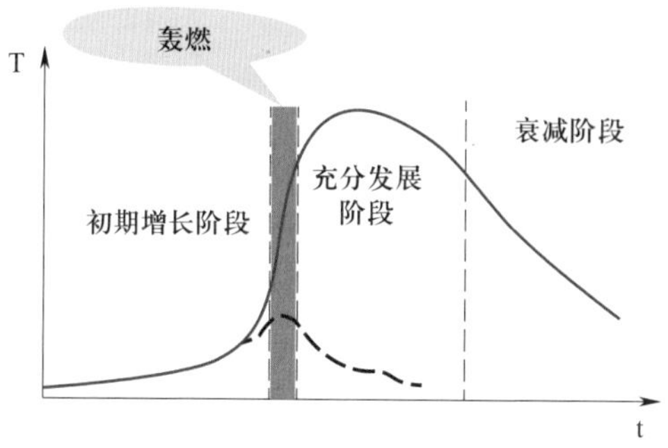

图 3-1　室内火灾发展阶段图

1. 初期增长阶段

初期增长阶段是从出现明火算起，此阶段燃烧面积较小，只局限于着火点处的可燃物燃烧，局部温度较高，室内各点的温度不平衡，其燃烧状况与敞开环境中的燃烧状况差不多。燃烧的发展大多比较缓慢，有可能形成火灾，也有可能中途自行熄灭，燃烧发展不稳定。

2. 充分发展阶段

随着燃烧时间的持续，室内的可燃物在高温的作用下，不断释放出可燃气体，当房间内温度达到 400 ~ 600 摄氏度时，便会发生轰燃。轰燃是室内火灾最显著的特点之一，它标志着室内火灾已进入全面发展阶段。轰燃发生后，室内可燃物出现全面燃烧，室温急剧上升，温度可达 800 ~ 1 000 摄氏度。火焰和高温烟气在火风压的作用下，会从房间的门窗、孔洞等处大量涌出，沿走廊、吊顶迅速向水平方向蔓延扩散，同时，由于烟囱效应的作用，火势会通过竖向管井等向上层蔓延。此外，室内高温还对建筑构件产生热作用，使建筑构件的承载能力下降，可能导致建筑结构发生局部或整体倒塌。

3. 衰减阶段

在火灾全面发展阶段的后期，随着室内可燃物数量的减少，火灾燃烧速度减慢，燃烧强度减弱，温度逐渐下降，当降到其最大值的80%时，火灾则进入熄灭阶段。随后房间温度下降显著，直到室内外温度达到平衡为止，火灾完全熄灭。

了解不同阶段的火灾特性对保证人员的生命安全与及时灭火有重要作用，某个房间失火后，首要的问题是把人员疏散到安全地带，因为一旦该房间发生轰燃，人员是极难安全撤离的。火灾初期增长阶段是一起火灾是否能有效控制的关键阶段。所以，我们鼓励高校学生运用专业的知识积极处置室内初期增长阶段的火灾。但是，一旦火灾继续蔓延扩大，就会向全面发展阶段演变。这时在积极逃生的同时，可以采取一定的阻隔措施，减缓火势的蔓延，为逃生争取时间。例如，尽量移开燃烧物周围的可燃物；关闭着火房间的门窗，将火灾阻隔在一定空间内，减缓火势蔓延。

小知识

轰燃——是指室内火灾由局部燃烧转变为室内所有可燃物表面都燃烧的大火的突然转变。轰燃发生的非常快，持续的时间短，整个轰燃过程只需要数秒或者几分钟。在轰燃发生的短暂时间内，火焰会从局部快速蔓延到室内所有可燃物表面；室内温度能突增至上千摄氏度。

小贴士

火灾发生和发展，初期增长面积小；
燃烧缓慢不稳定，或可蔓延或熄灭；
充分发展温度升，四六百间会轰燃；
高温烟气和火焰，门窗孔洞大量涌；
烟囱效应向上层，建筑结构会倒塌；
后期燃烧速度慢，熄灭阶段温度降；
初期阶段要控制，积极处置防蔓延；
人员疏散最关键，轰燃发生逃生难。

问题46. 火灾探测器是如何探测火灾的?

高校里存在着各种功能的建筑，如宿舍楼、教学楼、实验楼、图书馆、礼堂以及食堂等，不同的建筑由于其储存物品的不同，存在不同的火灾危险性。为了不同的场所均能及早发现火灾，需要安装各种火灾探测器。当有火灾发生的时候，这样的装置会在第一时间内发出报警信号，确认火灾，极早的进行火灾处置。

火灾探测器是如何工作和报警的呢？这个要从它们本身的结构说起。

火灾探测器是火灾自动报警系统的组成部分之一，可以说火灾探测器就像是火灾自动报警系统的感觉器官。它可以很有效地对环境中的某些火灾指标进行监测。当环境中出现了火灾，这个装置就会把火灾对应的特征物理量进行记录。例如，环境中的温度、烟雾、气体及辐射光强等这些指标参数都会被火灾探测器记录，并且转换成相应的电信号。这些电信号会被传送到火灾报警控制器上并且由报警控制器发送相应的报警信号，同时火灾联动控制器会联动相关的消防设施，如应急广播、防烟排烟系统、自动喷水灭火系统等进行动作。

不同场所选择不同种类的火灾探测器，主要根据探测区域内可能发生火灾的初期的形成和发展特点、房间高度、环境条件以及可能引起误报的原因等因素来决定。由于不同火灾探测器的性能指标不同，因此，针对不同火灾需要选择不同类型的火灾探测器。

（1）烟气是火灾中的头号“杀手”，火灾初期有阴燃阶段，会产生大量的烟和少量的热，很少或没有火焰辐射的场所，应选择感烟火灾探测器。点型感烟火灾探测器是最经济实用的感烟火灾探测器，基本满足一般室内火灾探测的要求，是目前最广泛使用的火灾探测器。高校的教学楼、办公楼的厅堂、办公室等，计算机房、通信机房等，楼梯、走道、电梯、机房、书库，档案库等都会安装感烟火灾探测器。

（2）感温火灾探测器是对温度敏感的火灾探测器，火灾发展迅速，可产生大量热、烟的场所，可选择感温火灾探测器、感烟火灾探测器或其组合。一般来说，感温火灾探测器对火灾的探测不如感烟火灾探测器灵敏，对于阴燃火没有响应，并且根据经验，只有当火焰至顶棚的距离为 1/3 房间净高时，感温火灾探测器才能响应。因此，感温火灾探测器不适宜保护可能发生小火且不能允许损失的场所，如计算机房等。

（3）相对于易燃易爆的地方，火灾探测器的主要作用就是探测环境里面的气体浓度，对使用、生产可燃气体或可燃蒸气的场所，应选择可燃气体探测器。例如高校中的食堂及储存易燃易爆气体的实验室。

小知识

火灾探测器——相当于一个小型传感器，将火灾释放的烟雾、高温、火焰光、火焰辐射、有毒气体等转变成电信号，将信号传递给报警控制器。火灾探测器有很多种类型，如感烟火灾探测器、感温火灾探测器、火焰探测器、可燃气体探测器等，不同类型的火灾探测器适用于不同类型的火灾和不同的场所。

感烟火灾探测器——对悬浮在大气中的燃烧或热解产生的固体或液体微粒敏感的火灾探测器。点型感烟火灾探测器是对某一点周围烟雾浓度响应的火灾探测器，如图 3-2 所示。

图 3-2　点型感烟火灾探测器

感温火灾探测器——对某一点或某一线路周围温度变化响应的火灾探测器，对某一点周围温度变化响应的为点型感温火灾探测器，根据对温度探测原理不同，感温火灾探测器分为定温式火灾探测器和差温式火灾探测器。当火灾引起的环境温度达到或超过预定温度时发出报警信号的是定温式火灾探测器。当火灾引起的环境温升速率达到或超过预定值时发出报警信号的是差温式火灾探测器。热敏电阻是感温火灾探测器最常采用的敏感元件。热敏电阻的阻值能随温度变化，通过一定的电路设计，将温度变化转换成电流或电压的变化。点型感温火灾探测器如图 3-3 所示。

可燃气体探测器——对单一或多种可燃气体浓度响应的探测器，也称气体泄漏检测报警仪器。当工业环境、日常生活环境中可燃气体发生泄漏，可燃气体探测器检测到可燃气体浓度达到报警器设置的报警值时，就会发出声、光报警信号，以提醒人员采取疏散，强制排风、关停设备等安全措施。独立式可燃气体探测器如图 3-4 所示。

图 3-3　点型感温火灾探测器

图 3-4　独立式可燃气体探测器

小贴士

建筑着火早发现，还要依靠探测器，
着火烟雾是大敌，感烟探测发现早；
一旦温度过于高，感温探测及时叫，
食堂泄漏可燃气，气体探测不可少；
日常识别探测器，阻止破坏保护好！

问题 47. 发现着火后应该向谁报告火警?

高校学生如果发现火灾，可能因为慌乱没有第一时间选择打“119”

报告火警，而是告知同学及老师，或因判断火势不大，认为自己能处置，而没有第一时间拨打“119”报警电话，这都不是正确的做法。

着火后第一时间报警，这是法律规定的。我国《消防法》规定，任何人发现火灾都应当立即报警。所以，着火后积极自救互救的同时，应该第一时间拨打“119”报警电话。

救火是分秒必争的事情，早一分钟报警，消防车早一分钟到，就可能把火灾扑灭在初期阶段，但若耽误了时间，小火就可能酿成大火。如果盲目认为自己能够扑灭火灾，却由于各种因素，火势突然扩大，这时才向消防队报警，就会使灭火工作处于被动状态。

注意！“119”报警电话是灭火救援的“生命线”，这条线连着千家万户，与每个人的切身利益息息相关，决不允许存在与救援不相关的恶意骚扰。

小知识

发生火灾报警的法律要求——我国《消防法》第四十四条规定，任何人发现火灾都应当立即报警。任何单位、个人都应当无偿为报警提供便利，不得阻拦报警。严禁谎报火警……消防队接到火警，必须立即赶赴火灾现场，救助遇险人员，排除险情，扑灭火灾。

我国的火警电话119——20世纪70年代国际电报电话咨询委员会根据国际标准化管理的要求，建议世界各国火警电话采用“119”号码。“119”号码便于记忆，发生火灾时，想到“要、要、救”，以便联想到“119”消防报警电话。

“11·9”同时是我国的消防宣传日，这是为动员全民维护（参与）消防安全而设立的日子。1992年，公安部发出通知，将每年的11月9日定为“11·9消防宣传日”。确定这一日期一是基于全面启动冬季防火工作的实际需要。冬季是经常发生火灾的季节。为了做好冬季防火工作，以“11·9消防宣传日”为契机，开展冬季防御工作，集中力量开展大规模、各种形式的消防安全宣传活动，提高防火意识。二是与火灾报警电话“119”相符合。11月9日中这3个阿拉伯数字与其通形同序，易被人们接受；同时，也可以加深人们对“119”火警电话的记忆。

小贴士

发现着火不要慌，第一时间报火警，
切勿逞强我能行，火势失控再报警；
此条写入消防法，遵守法规人人责；
初起火灾要判断，依照能力来灭火；
处理不了快离开，还要大声来呼喊，
互帮共助来逃生，积极主动来自救。

问题48. 拨通“119”后应该向消防队说些啥?

报告火警可以说是一项关键时刻用来保命的生存技能。生活中发现火情，往往由于人们报警的“姿势”不对，没有说明主要信息而贻误了救援时机。下面来看一下哪一种报警情景是正确的：

情景之一：

报警人：“喂，‘119’吗？我们宿舍着火了，快来救我们！”

接警员："请说一下具体地址好吗？知道是什么着火了吗？有无人员被困？"

嘟嘟嘟，报警人已挂断电话！

情景之二：

"喂？消防队吗？我是 ×× 大学的学生，我在 ×× 校区，刚才我们在做实验的时候化学药剂遇水自燃引燃了实验室其他物质，火势有些大，目前没有人员被困，我们的地址是 ×× 区 ×× 路 ×× 号，我的电话号码是：150××××××××，我现在在学校东门等你们，请快来吧！"

接警人："请您不要着急，我们立刻出警。"

情景一为错误的报警展示，情景二报警的方式准确明了，为灭火争取了更多时间。

所以，报告火警时千万不要着急，要做到以下几点：

1. 要正确简洁地说明火灾详细地点

尽可能准确地讲清起火单位名称、所在地区、街道门牌号码。配合接警员的提问，越详细越好，周围有什么标志物，这样可以帮助消防车尽快到达现场。

2. 要说清楚什么场所、什么东西起火

特殊场所及特殊物品起火很可能引发火灾以外的灾害，例如某些物质遇水燃烧的情况等。讲清火场堆放的物品，便于消防员做更全面的准备，避免不必要的二次伤害。同时便于消防队出动相关的消防车辆，例如可以扑救油类火灾的干粉消防车、泡沫消防车，可以扑救大多数固体火灾的水消防车等。

3. 说清楚有无人员被困

如果有人员被困，消防员会及早采取救人准备，并携带救人装备。

4. 提供报警人姓名和联系电话

提供报警人姓名和联系电话主要是供消防控制中心再次询问火灾现场情况时使用，这对于消防工作迅速展开极为重要。有的人用固定电话报警之后，就离开了，消防队找不到具体人再次询问情况。

5. 引导消防车到场

报警以后，迅速组织人员到附近的路口等候和引导消防车前往火场。

以上就是报火警时需要做到的内容，切忌惊慌失措，草草挂断电话。如果不清楚说什么，要耐心听消防部门的询问作答。

温馨提示：拨打“119”火警电话与消防队出警灭火都是免费的。

小贴士

火灾报警勿心急，着火位置要说清。

起火物质是什么？有无次生灾害性。

人员是否有被困，联系方式要给与。

报完路口速等待，积极引导车辆行。

问题 49. 可以通过哪些途径快速向着火建筑内的人员发出火灾警告？

高校的教室、宿舍、礼堂、食堂等都是间歇性人员密集场所，火灾初期可能只是某个区域、教室或宿舍发生火灾，这时，发现火灾的人员除了第一时间向消防队报警外，还要积极向着火建筑内的人员发出火灾警告，警示他人逃生。

向着火建筑内的人员发出火灾警告的方式有以下几种：

1. 一边逃生一边大声呼喊，警示人员逃生

这种方法较为原始，声音传递的距离也非常的有限，所以要充分利用建筑中的消防设施发出火灾警报。

2. 火灾自动报警系统是可以用来报警的消防设施

手动报警按钮是火灾自动报警系统的构件之一，如图 3–5 所示。如果你身处的建筑有手动报警按钮，发现火灾后，应当立刻按下，有些手动报警按钮的表面是一层玻璃，这时需要敲碎玻璃，再按下按钮进行报警，如图 3–6 所示。一旦按钮被按下，安装于建筑内的火灾警铃就会响起，警示人员逃生，同时，报警信号就会传递到建筑消防控制室的火灾报警联动控制器，控制室的 24 小时值班人员会通过现场或火灾报警联动控制器的报警信号的输入情况确认火灾，确认后向消防队报警，值班人员手动或火灾报警联动控制器联动启动消防应急广播，通知全楼的人员发生了火灾，需要立即疏散。与此同时，自动喷水灭火系统及防烟排烟等消防设施启动。

图 3–5　手动报警按钮

图 3–6　带破碎玻璃的手动报警按钮

楼宇中常见的火灾警报装置主要分为火灾声警报器、火灾光警报器和火灾声光警报器，如图 3–7、图 3–8 及图 3–9 所示。火灾警报器是在火灾自动报警系统中，用以发出区别于环境声、光的火灾警报信

号的装置，是一种最基本的火灾警报装置，通常与火灾报警控制器组合在一起，以声、光方式向报警区域发出火灾警报信号，以警示人们采取安全疏散、灭火救灾措施。

图 3-7　火灾声警报器

图 3-8　火灾光警报器

图 3-9　火灾声光警报器

小知识

火灾自动报警系统——是探测火灾早期特征、发出火灾报警信号，为人员疏散、防止火灾蔓延和启动自动灭火设备提供控制与指示的消防系统。火灾自动报警系统由触发装置、火灾报警装置、联动输出装置以及具有其他辅助功能的装置组成，能在火灾初期，将燃烧产生的烟雾、热量、火焰等物理量，通过火灾探测器变成电信号，传输到火灾报警联动控制器，并同时以声或光的形式通知整个楼层疏散，使人们能够及时发现火灾，并及时采取有效措施，扑灭初起火灾，最大限度地减少因火灾造成的生命和财产损失，是人们同火灾做斗争的有力工具。

手动报警按钮——是火灾报警系统中触发装置的一种，当人员发现火灾时手动按下手动报警按钮，报告火灾信号。

火灾报警联动控制器——在火灾自动报警系统中，用以接收、显示和传递火灾报警信号，并能发出控制信号且具有其他辅助功能的控制指示设备。

消防应急广播——在火灾发生时，应急广播信号通过音源设备发出，经过功率放大器放大后，由广播模块切换到广播指定区域的音箱实现应急广播，是发生火灾或意外事故时指挥现场人员进行疏散的设备。

小贴士

建筑内部若着火，示警方法有很多；
边逃生来边呼喊，声音传递距离短；
报警按钮要认识，手动按下警铃响；
报警联动控制器，应急广播助疏散。

专题三：消防设施的识别与保护

问题 50. 校园里有哪些消防设施?

高校里建筑种类较多，功能不一，可配备各种各样的消防设施。我国《消防法》规定，任何单位和个人都有保护消防设施的义务。学生作为高校人员主体，应该会识别并保护身边的消防设施。高校中常见的消防设施主要有以下几种：

1. 灭火器

灭火器是各类建筑中必备的灭火器材。根据建筑的火灾种类、规模及危险等级，确定建筑中应该设置的灭火器的种类、位置及个数。每一个灭火器设置点一般配备两个灭火器，起到一备一用的作用。

在使用灭火器扑灭火灾的时候，一定要注意灭火器的火灾保护类别，就是灭火器的适应范围，在灭火器铭牌上有明确标识。灭火器可以扑灭的火灾种类，以灭火器上的铭牌标识为准。

2. 消火栓系统

消火栓系统是由供水设施、消火栓、配水管网和阀门等组成的系统，设在建筑内的为室内消火栓系统，设在建筑外的为室外消火栓系统，主要用来从建筑内部或外部扑救火灾。

按照国家规范，对于高层公共建筑，体积大于 5 000 立方米的图书馆建筑，超过 1 200 个座位的礼堂、体育馆等单、多层建筑，建筑高度大于 15 米或体积大于 10 000 立方米的办公建筑、教学建筑和其他单、多层民用建筑要配备室内消火栓。室内消火栓应该放置于公共的共享空间中，一般放置于消火栓箱内，不能对其做任何装饰，要求有醒目的标注（写明“消火栓”），并不得在其前方设置障碍物，以免影响消火栓门的开启。

室外消火栓是设置在建筑物外面消防给水管网上的供水设施，主要供消防车从市政给水管网或室外消防给水管网取水实施灭火，也可以直接连接水带、水枪灭火。室外消火栓也是扑救火灾的重要消防设施之一。校园内的建筑都需要设室外消火栓。

3. 自动喷水灭火系统

自动喷水灭火系统由洒水喷头、报警阀组、水流报警装置（水流指示器或压力开关）等组件，以及管道、供水设施组成。自动喷水灭火系统是当今世界上公认的最为有效的自救灭火设施，是应用最广泛、用量最大的自动灭火系统。以湿式自动喷水灭火系统为例，火灾发生的初期，建筑物的温度不断上升，当温度上升到闭式喷头感温元件爆破或熔化脱落时，喷头即自动喷水灭火。该系统结构简单，灭火速度快，控火效率高，适合安装在能用水灭火的建筑物、构筑物内。我国规范要求一般的高层建筑，超过 1 500 个座位的其他等级的剧场，超过 2 000 个座位的会堂或礼堂，超过 3 000 个座位的体育馆，超过 5 000 人的体育场的室内人员休息室与器材间，设置送回风道（管）的集中空气调节系统且总建筑面积大于 3 000 平方米的办公建筑等均要设置自动喷水灭火系统。自动喷水灭火系统的安装，极大地降低了发生火灾时火势扩大的危险。

4. 防烟排烟系统

防烟排烟系统是防烟系统和排烟系统的总称。烟气是火灾中造成人员伤亡的最主要的因素。为了发生火灾时利于人员逃生，建筑要设置防烟和排烟设施。

防烟系统是采用机械加压送风方式或自然通风方式，防止烟气进入疏散通道的系统。建筑的下列场所或部位应设置防烟系统：防烟楼梯间及其前室；消防电梯间前室或合用前室；避难走道的前室、避难层（间）。

排烟系统是采用机械排烟方式或自然通风方式，将烟气排至建筑物外的系统。建筑的下列场所或部位应设置排烟系统：中庭；公共建筑内建筑面积大于100平方米且经常有人停留的地上房间；公共建筑内建筑面积大于300平方米且可燃物较多的地上房间；建筑内长度大于20米的疏散走道。地下或半地下建筑（室）、地上建筑内的无窗房间，当总建筑面积大于200平方米或一个房间建筑面积大于50平方米，且经常有人停留或可燃物较多时，也应设置排烟系统。

小知识

民用建筑灭火器配置场所的危险等级——根据民用建筑的使用性质、人员密集程度、用电用火情况、可燃物数量、火灾蔓延速度、扑救难易程度等因素，划分为三级：严重危险级：使用性质重要，人员密集，用电用火多，可燃物多，起火后蔓延迅速，扑救困难，容易造成重大财产损失或人员群死群伤的场所。中危险级：使用性质较重要，人员较密集，用电用火较多，可燃物较多，起火后蔓延较迅速，扑救较难的场所。轻危险级：使用性质一般，人员不密集，用电用火较少，可燃物较少，起火后蔓延较缓慢，扑救较易的场所。

学校的教室、教研室，学生住宿床位在100张以下的学校集体宿舍，建筑面积在2 000平方米以下的图书馆、展览馆的珍藏室、阅览室、书库、展览厅属于中危险等级；学生住宿床位在100张及以上的学校集体宿舍，建筑面积在2 000平方米及以上的图书馆、展览馆的珍藏室、阅览室、书库、展览厅，专用电子计算机房，设备贵重或可燃物多的实验室属于严重危险等级。

灭火器按照操作使用方法的分类——分为手提式灭火器和推车式灭火器。手提式灭火器充装量较小，可手提移动灭火；推车式灭火器装有轮子，可由一人推（或拉）至着火点附近灭火。

防烟楼梯间——是指楼梯间入口处设有前室或阳台、凹廊，且通向前室、阳台、凹廊和楼梯间的门均为防火门以防止火灾的烟和热进入的楼梯间，是高层建筑中常用的楼梯间形式。

避难层——是高层建筑中用作消防避难的楼层，一般建筑高度超过100米的高层建筑，会为消防安全专门设置供人们疏散避难的楼层。封闭式避难层周围设有耐火的围护结构（外墙、楼板），室内设有独立的空调和防烟排烟系统，如在外墙上开设窗口时，应采用防火窗。

小贴士

灭火设施校园有，处处留心觅踪影；
一备一用灭火器，每个点上成双放；
消火栓分室内外，公共空间标志明；
高层建筑和礼堂，自动喷水自救强；
防烟楼梯防火门，非常有效阻烟气；
疏散走道和中庭，烟气排至建筑外；
民用建筑按等级，消防设施不能少。

问题 51. 你会使用灭火器吗?

灭火器是处置初起火灾最方便使用且有效的灭火设施。灭火器操作方法是否正确，对于灭火效果有很大的影响。正确使用灭火器可以迅速将火扑灭，错误使用灭火器不能扑灭火灾甚至可能使火灾扩大。

1. 正确使用灭火器的方法

（1）使用灭火器时，首先要正确、迅速辨别风向，顺风打开灭火器，切勿逆风灭火。

（2）对于手提式灭火器，使用时首先提起灭火器，拔掉保险销（拉环）；一只手握住灭火器的软管；距离火焰 2 米左右的地方，按下压把，对准火焰根部，将灭火剂喷出；左右移动喷射，直至火灾扑灭；保持监控，防止复燃。

2. 使用灭火器的注意事项

（1）干粉灭火器灭火的射程要比二氧化碳灭火器远，所以二氧化碳灭火器需要较为靠近火源灭火，因此，火灾快速发展时不适宜使用二氧化碳灭火器。

（2）使用二氧化碳灭火器时，灭火器喷射时会具有一定的压力，需要握紧喇叭筒，站稳灭火。

（3）使用二氧化碳灭火器时，不能直接用手握住二氧化碳灭火器的金属连接管，因为零下 78 摄氏度的二氧化碳会将手冻伤。

（4）扑救液体火灾时（如油面火），不可将灭火器靠近油面喷射，这样容易造成油品四处飞溅，造成火势蔓延。

火灾发生后，在刚刚起火的 5 分钟内灭火的效果非常有效。因此，学会正确地使用灭火器材，迅速扑灭初起火灾，对控制火势是非常关键的。

小贴士

如何使用灭火器？一提二拔三握住，
顺风对着着火物，站稳握紧软管处，
对准火焰的根部，按下压把猛扫射；
还有情况要注意，二氧化碳防冻伤，
扑救液体火灾时，远离油面防飞溅；
正确使用灭火器，初起火灾好控制。

问题 52. 灭火毯应如何使用？

灭火毯是用玻璃纤维等其他特殊材料编织成的消防专用毯。因为材料是纤维状隔热耐火材料，即耐火纤维，最主要的特性就是耐高温、耐腐蚀，同时又有一般纤维的柔软、有弹性、有一定的抗拉强度等特性。灭火毯的灭火原理是覆盖火源，窒息灭火。灭火毯相比于水基型、干粉型等灭火器具，有很多优点，它没有失效期，在使用后也不会产生二次污染，更重要的是在无破损、无油污时能够重复使用。因此它可以用来处置很多的初起火灾，尤其可在学校的办公室、宿舍、有易燃易爆危险的实验室配备。

1. 灭火毯可用来扑救的火灾

（1）小范围可燃液体火灾，如实验室的酒精、汽油等油盘火。

（2）可覆盖的固体物质火灾，如桌椅、衣物等。

（3）可覆盖的用电设备火灾，如计算机、电暖气等用电设备。

2. 使用灭火毯的方法

在使用灭火毯灭火的时候，首先把灭火毯用双手展开，将涂有阻燃、灭火涂料的一面朝外，迅速覆盖在火源上（油盘、地面等），注意一定要包裹完全，不留任何缝隙，这样就能够起到迅速阻隔空气并熄灭火源的作用。然后，观察火源情况，直到火焰完全熄灭为止再把灭火毯拿走。如果灭火毯在扑灭火焰的过程中没有破损，则可以重复使用。

灭火毯还是很好的逃生工具。把灭火毯盖在身上，可以有效地防止身体被火焰灼伤。如果人在逃生的过程中，身上出现火苗，这时，把灭火毯展开覆盖在着火部位，可以很快灭火。

在扑灭着火物体后，如果灭火毯受损，可以在灭火毯冷却后，把灭火毯卷起来，当作不可燃性垃圾来处理。如果不经常使用灭火毯，可以把灭火毯放在密闭的容器中保存，最好把灭火毯的带子露在容器的外面，通常应该一年检查一次灭火毯，如果发现灭火毯有破损的现象，可做更换处理。

小贴士

小小一块灭火毯，居家准备用处多；
不失效来无污染，无破损时反复用；
一旦着火可灭火，火场逃生可披盖；
存放方便可取处，发现破损应更换。

问题 53. 消火栓如何使用?

消火栓如果使用不当，很容易造成人员受伤。室内外消火栓的使用对象为受过专业培训的消防管理人员和消防员。普通室内消火栓，当栓口水压大于 0.5 兆帕时，水枪的反作用力超过 220 牛，非专业人员无法操控，因此不倡导未经专业培训的高校学生使用。作为高校学生可以了解一下消火栓的使用方法，平时要注意保护室内外消火栓。

室内消火栓的使用方法为：打开消防栓箱门后，按下消火栓按钮（不设消火栓按钮的消火栓箱无须按下），取出水带水枪。将水带往火场方向铺设好，防止扭结，否则很可能打开阀门却被飞舞的水带打伤。将水带的一端接在消火栓出水口上，另一端接好水枪。消火栓的水压很大，一般需要 2 ~ 3 个人一起控制一个枪头。确认连接好后一人缓慢打开消火栓阀门直至拧到最大，其他 2 ~ 3 人握好水枪对准火焰根部进行灭火。灭火完毕后，一定要先关闭消火栓出水阀门，再拆开水带和水枪。将其放回原位。

小贴士

消火栓为消防设，权限仅限消防员；
普通室内消火栓，反作用力二百牛；
高校学生未培训，无法操控不倡导；
打开箱门按按钮，水带水枪快取出；
铺好水带防扭结，一端连接出水口；
水枪出水力气大，消防阀门缓慢开；
二到三人合力握，火焰根部要对准；
使用方法供了解，日常维护靠大家。

问题 54. 自动喷水灭火系统的功能是什么?

高校中的教学楼、宿舍楼、图书馆等大多数场所一般都按要求设置了自动喷水灭火系统。自动喷水灭火系统的安装有利于学校建筑初起火灾的扑救。

高校建筑内常用的自动喷水灭火系统为湿式自动喷水灭火系统，湿式自动喷水灭火系统是一种应用广泛的固定式灭火系统。该系统管网内依靠高位消防水箱而充满压力水，长期处于备用工作状态，可在 4 ~ 70 摄氏度环境温度中使用。当保护区域内某处发生火灾时，火焰或高温气流使闭式喷头的热敏感元件动作，喷头被打开，喷水灭火；管网中的水由静止变为流动，使水流指示器送出相应的电信号，报警控制器上指示某一区域已在喷水；由于喷头的开启泄压，报警阀上端的压力降低，原来处于关闭状态的湿式报警阀随即自动开启，水流经报警阀流向灭火管网；随着报警阀的开启，报警信号管路开通，压力水使压力开关接通发出相应的电信号，并冲击水力警铃发出声报警信号；消防控制中心根据水流指示器和压力开关的报警信号（或火灾探测器和压力开关的报警信号），联动启动消防水泵向系统加压供水，达到持续灭火的目的。

高校建筑里能见到的自动喷水灭火系统的部件就是喷头。喷头安装在建筑公共空间或房间内的天花板上，根据安装系统的不同，采用不同类型的喷头。最常见的湿式喷头为闭式喷头，闭式喷头又可分为玻璃球洒水喷头和易熔元件洒水喷头。玻璃球洒水喷头的不同玻璃球颜色对应着玻璃球破裂的不同温度。例如红色表示 68 摄氏度，也就是说当温度达到 68 摄氏度的时候，玻璃球破裂，喷头开始洒水灭火。同样，易熔元件洒水喷头中不同的易熔元件在不同的温度下会熔断，使喷头开始洒水灭火。

我国《消防法》规定，任何单位和个人都有保护消防设施的义务。

在日常的学习生活中，高校学生有义务保护身边的自动喷水灭火系统不受破坏。

小知识

自动喷水灭火系统的分类——自动喷水灭火系统根据所使用喷头的形式，可分为闭式自动喷水灭火系统和开式自动喷水灭火系统两大类；闭式系统为喷头平时处于关闭状态，遇火灾时喷头开放，开式系统为喷头平时处于开放状态，管道内没有水，遇火灾时管道充水灭火。根据系统的用途和配置状况，闭式自动喷水灭火系统包括湿式系统、干式系统、预作用系统；开式自动喷水灭火系统包括雨淋系统、水幕系统、水喷雾系统等。

小贴士

教学宿舍图书馆，湿式系统更常见；
管网充满压力水，长期处于备用中；
喷头装在天花板，开闭可靠玻璃球；
温度达到六十八，球体破裂水灭火；
易熔元件若熔断，喷头开放水喷出；
依据我国《消防法》，保护设施有义务。

问题 55. 防烟排烟系统在火灾中有哪些作用?

高层教学楼和宿舍楼等建筑里都会在防烟楼梯间、前室或消防电梯前室内的墙面靠近下方的位置设置一个带有百叶窗的装置，这就是高层建筑设置的机械加压送风口。与此送风口相连的系统叫机械加压送风系统，也叫机械防烟系统。

机械防烟系统由风机、送风管道、送风口、风机控制柜等组成。

当高层建筑发生火灾，消防中控室确认火灾后，着火建筑的机械防烟系统就会由消防联动控制器联动开启或由中控室的值班人员手动开启，由此，防烟风机开启，系统送风口也会自动打开，以一定的压力向防烟楼梯间和前室送风，保证人员迎着新风从房间向楼梯间疏散，并将房间内的烟气控制在一定的范围内，不进入人员疏散的防烟楼梯间内。从安全角度出发，加压送风时应使防烟楼梯间压力 > 前室压力 > 走道压力 > 房间压力，同时还要保证楼梯间与非加压区的压差不要过大，以免造成开门困难影响疏散。

与防烟系统相对的是排烟系统。机械排烟方式一般都是利用排风机把着火区域中产生的高温烟气通过排烟口强制排至室外。机械排烟的根本作用在于能及时有效地排出着火层或着火区域的烟气，在时间上和空间上为受灾人员的疏散和物资财产的转移创造条件。一个设计优良的机械排烟系统在火灾中能排出 80% 的热量，使火灾温度大大降低，因此对人员安全疏散和灭火起到重要作用。

机械排烟系统由挡烟壁（活动式或固定式挡烟垂壁，或挡烟隔墙、挡烟梁）、排烟口（或带有排烟阀的排烟口）、排烟防火阀、排烟道、排烟风机和排烟出口组成。

机械排烟系统的排烟口一般设置在房间的顶部。着火时，火灾报警信号联动打开排烟口，启动排烟风机及机械排烟系统。但当烟气的温度超过 280 摄氏度，排烟防火阀启动，自动关闭排烟系统，这是因为烟气温度过高，再进行排烟会将热烟气通过排烟系统带到其他位置，增加了火灾风险。

机械防烟排烟系统可以有效的配合，在高层建筑中，如果房间着火，房间和走道内加装机械排烟口进行排烟，而前室和楼梯间或前室进行加压送风，能保证人员从房间疏散至相对安全的楼梯间。所以，在日常的生活中，一定要注意保护防烟排烟系统的送风口和排烟口，不能随意开启或堵塞风口。

小知识

自然防烟排烟——除了机械防烟排烟还有自然防烟排烟这种方式，是利用火灾时产生的热烟气流的浮力和外部风力作用，通过建筑物的对外开口把烟气排至室外的排烟方式。

小贴士

高层宿舍教学楼，加压送风百叶窗；
防烟风机联动启，送风口亦自动开；
防烟楼梯间前室，加压送风为疏散；
控制烟气不扩散，压差适度保安全；
机械排烟靠风机，着火烟气排室外；
烟气温超二百八，启动排烟防火阀；
排烟系统自关闭，高温烟气不乱传；
保护排烟送风口，严防破坏和堵塞。

问题 56. 气体灭火系统是如何灭火的？

为避免灭火时对保护对象造成次生危害，在特定场合需要安装气体灭火系统，气体灭火系统是以某些在常温、常压下呈气态的灭火介质，通过在整个防护区内或保护对象周围的局部区域建立起灭火浓度实现灭火，具有灭火效率高、灭火速度快、适用范围广，对保护对象无二次污染的特点，高校中的图书馆、档案室、某些实验室、计算机房及其他电气设备场所需要设置气体灭火系统。

气体灭火系统按照灭火剂分类主要有二氧化碳灭火系统、IG541 气体灭火系统和七氟丙烷灭火系统。

气体灭火系统由灭火剂储存装置、启动分配装置、输送释放装置、监控装置等组成。其工作原理是：防护区一旦发生火灾，火灾探测器报警，消防控制中心接到火灾信号后，启动联动装置（关闭开口、停止空调等），延时 30 秒（保证防护区内人员的疏散）后，打开启动气瓶的瓶头阀，利用气瓶中的高压氮气将灭火剂储存容器上的容器阀打开，灭火剂经管道输送到喷头喷出，实施灭火，另外，通过压力开关监测系统是否正常工作，若系统故障，值班人员听到事故报警，手动开启储存容器上的容器阀，实施人工启动灭火。

注意：在安装气体灭火系统的入口前有永久警告标志牌、报警标志、启动释放标志（放气灯）、紧急启停按钮及注意事项标志等。紧急启停按钮一般安装在防护区疏散出口门外，作为气体灭火系统的手动控制方式之一，平时一定要注意识别和保护这些设施。

小知识

气体灭火系统的应用范围有：

（1）重要场所。气体灭火系统本身造价较高，因此一般应用于在政治、经济、军事、文化等方面有重要影响及关乎众多人员生命安全的重要场合。

（2）怕水污损的场所。如重要的通信机房、调度指挥控制中心、图书档案室等，这类场所无疑非常重要，而且要求灭火剂清洁，灭火时不产生次生危害。

（3）甲、乙、丙类液体和可燃气体储藏室或具有这些危险物的工作场所。气体灭火系统对于扑救甲、乙、丙类液体火灾非常有效，而且在灭火的同时，对防护区及内部的设备、物品等提供保护，可及时控制火势的蔓延扩大。

（4）电气设备场所。安装有发电机、变压器、油浸开关等设备的场所，用气体灭火系统灭火不影响这些设备的正常运行。

小贴士

灭火对象少伤害，气体灭火作用大；
图书档案实验室，保护对象无污染；
控制中心可联动，亦可手动人工开；
启动延时三十秒，保障人员已疏散；
灭火系统入口前，警告标志会识别；
放气灯亮人勿入，启停按钮要保护。

问题 57. 校园微型消防站的作用是什么？

为了加强消防基础设施建设，消防部门出台了相对应的微型消防站建设标准，并在全国推广。高校是国家培养文化教育、科学技术等专业人才的基地，也是开展科学研究的重要部门，在高校师生中加强防火和灭火宣传不容小觑；而微型消防站本身就是一本消防灭火及消防宣传的“活教材”，所以在校学生也要了解微型消防站的作用及设置的相关要求。

微型消防站就是以单位为基础的消防站，是给消防重点单位上的一道“紧箍”。微型消防站具备地理距离近、机动灵活的优势，学校内一旦发生紧急情况，可以第一时间组织成小型战斗力进行初起火灾的扑救及人员疏散撤离。站内配备一定数量的灭火器、水枪、水带、外线电话、对讲机、消防头盔、灭火防护服、防护靴、破拆工具等器材，集防火、灭火等多种功能为一体，以救早、灭小和“3 分钟到场”扑救初起火灾为目标，积极开展防火巡查和初起火灾扑救等火灾防控工作。

微型消防站一般由学校的消防安全管理人担任站长，人员配备不少于6人，负责组织开展高校内的各项消防工作。微型消防站除了必要的消防安全管理、处置等功能外，还可以有对高校内学生组成的消防志愿者等人员进行消防灭火培训的功能。通过强化高校微型消防站建设，可以提高广大师生消防安全意识，充分利用学期初、学期末、重大节假日等，在高校开展宣传，让微型消防站成为高校开展消防安全的重要纽带。

小知识

微型消防站的人员配备——人员配备不少于6人；微型消防站应设站长、副站长、消防员、控制室值班员等岗位；配有消防车辆的微型消防站应设驾驶员岗位；站长应由单位消防安全管理人兼任，消防员负责防火巡查和初起火灾扑救工作。微型消防站人员应当接受岗前培训，培训内容包括扑救初起火灾业务技能、防火巡查基本知识等。

微型消防站岗位职责——站长负责微型消防站日常管理，组织制定各项管理制度和灭火应急预案，开展防火巡查、消防宣传教育和灭火训练；指挥初起火灾扑救和人员疏散。

消防员负责扑救初起火灾；熟悉建筑消防设施情况和灭火应急预案，熟练掌握器材性能和操作使用方法，并落实器材维护保养；参加日常防火巡查和消防宣传教育。

控制室值班员应熟悉灭火应急处置程序，熟练掌握自动消防设施操作方法，接到火情信息后启动预案。

小贴士

高校微型消防站，救早灭小 3 分钟；
器材配备种类全，方便巡查和灭火；
站长消防管理人，配备至少要六人；
宣传培训功能多，师生消防意识增。

专题四：典型初起火灾扑救方法

问题 58. 床品着火如何扑灭？

高校宿舍楼内学生较为集中，易燃物多，尤其床品这种易燃物所占比例较大，且容易被引燃。宿舍空间狭小，着火后，室内氧气会迅速减少，导致人员窒息，发生晕厥。对于初期的宿舍床品火灾的处置，首先要拨打“119”报警电话报告火警，大声呼救，向周围的宿舍发出火灾警告，同时迅速采取措施扑灭初起火灾，尽可能集中力量把火灾消灭在萌芽阶段。

床品属于 A 类固体火灾，针对这种火灾，可以迅速将水直接喷射到燃烧物上，熄灭火焰；如有条件，可从疏散走道或楼梯间获取水基型灭火器、ABC 类干粉灭火器灭火。

如果宿舍火势增大，则采取隔离法，减缓火灾蔓延速度。将着火物附近的易燃物和可燃物从燃烧区转移走；迅速离开宿舍并关紧宿舍门窗，向安全地带疏散，等待消防人员的救援。

小贴士

床品着火燃烧快，报警电话抓紧打；
大声呼救发警告，初起火灾快扑救；
用水扑灭固体物，窒息灭火亦可选；
一旦火势要增大，转移物品防蔓延。

问题 59. 手机、计算机爆炸如何处理？

目前，手机和计算机是大学生群体的标配设施，它们也会发生爆炸。爆炸的原因主要有以下几点：一是充电器与机身不匹配，当使用电流大的充电器充电时，会造成手机、计算机主板被击穿而产生机内高温高压引起机体爆炸、燃烧，或者是内部电池损坏，过热爆炸燃烧。二是充电时间过长，造成机内元件和机壳长时间过热而使机体可燃材料软化、焦化而爆炸燃烧。三是充电器本身故障，内部元件接触不良，散热不畅，因过热发生爆炸燃烧。四是在易燃易爆危险场所充电或正在充电的手机、计算机上直接放置可燃物品或距离可燃物较近。一旦手机、计算机爆炸引起火灾，在报告“119”火警的同时，也要在火灾初期采取一定的处置措施。

1. 切断电源

手机、计算机爆炸多发生在充电或用电过程中，出现爆炸后，第一反应就是切断电源，尽量切断宿舍电源，而不是充电线的电源。

2. 处理周围易燃易爆危险品

切断电源以后要把手机、计算机周围未燃的易燃易爆危险品收拾干净，如书籍、被褥、打火机、插线板等，避免连环起火。

3. 选用正确灭火方法

使用灭火毯、浸湿的毛巾覆盖灭火，或就近取得二氧化碳灭火器或干粉灭火器灭火。切勿用水直接灭火，这样可能会导致触电。

如果火苗一开始就蹿得很高，手边也没有合适的工具，没法第一时间熄灭火焰，那就只能拉下电闸，迅速离开，等待“119”的救援。

小贴士

手机计算机爆炸，真的不是开玩笑，
力所能及先断电，处理周围可燃物；
灭火方法有讲究，用水万万不可取；
隔离可用灭火毯，浸湿棉被可代替；
干粉用于带电火，应对起来才有效；
其他带电设备火，参照灭火没问题！

问题 60. 接线板线路起火如何处理？

近日，某高校发生了一起宿舍火灾。最初起火部位是床下铺物品摆放架的接线板，当时接线板插着 4 个插头，但连接不规范且充电器充电时间过长，造成线路短路，火花引燃接线板附近的帘布等可燃物。像这样的接线板火灾时有发生，主要原因是接线板使用不规范或质量问题造成的短路、过负荷、接触不良以及漏电等。这些故障产生后基本都是引起局部温度升高，进而引燃周围可燃物，导致火灾发生。

接线板着火，首先也要先切断电源，积极自救的同时拨打“119”火警电话；切断电源以后要把接线板周围未燃的易燃易爆危险品收拾干净，像书籍、被褥、打火机等，避免连环起火；使用灭火毯或就近取得二氧化碳灭火器或干粉灭火器灭火。切勿用水直接灭火，这样可能会导致触电。

小贴士

宿舍常用接线板，使用经常不规范；
短路漏电过负荷，引燃周围可燃物；
接线板线若着火，切断电源要迅速！
切勿用水来灭火，严防触电危险大；
二氧化碳或干粉，灭火器要就近取；
还可使用灭火毯，积极自救有效果；
书籍被褥打火机，若不移走连环火；
火警电话一一九，火灾发生要牢记。

问题 61. 实验室化学品着火如何处理?

实验室安全事故中，以火灾和爆炸事故为主，这与实验室使用较多的易燃易爆的化学品有关。实验室化学品根据其危险特性可分为九大类。对于实验室的化学品火灾，首先要拨打“119”火警电话，同时根据着火化学品的危险特性选择正确的灭火方法处理初起火灾。下面进行举例说明：

若火势和着火范围较小，可以立即使用实验室内的灭火器、灭火毯、消防沙等灭火器材灭火。一般实验室会根据其储存和使用的化学品的危险特性配备相应的灭火器种类。

1. 爆炸品火灾事故

对于爆炸品的火灾事故，不可处理，第一时间撤离实验室并寻找掩体躲避。

2. 小规模的易燃气体泄漏

这类事故可能会发生爆炸，这时首先看能不能切断气源；切勿做有可能产生火花的行为，如开灯、拨打电话或者开关任何电器，泄漏的易燃气体在爆炸极限内如遇火花，立刻就会被引爆，威力巨大；之后，迅速打开实验室门窗，降低易燃气体的浓度，避免爆炸。如易燃气体已爆炸，某处形成小范围燃烧，则可用干粉灭火器进行灭火。

3. 小规模的易燃液体泄漏着火

首先应该切断火势蔓延途径，控制燃烧范围。可用湿毛巾、灭火毯覆盖着火面窒息灭火。对于灭火剂的选择要注意：对于比水轻且不溶于水或微溶于水的烃基化合物，如石油、汽油、煤油、柴油、苯、乙醚等易燃液体火灾，可用泡沫、干粉等灭火剂扑救；对于不溶于水且相对密度大于水的易燃液体，如二硫化碳等，着火时可用水扑救，用泡沫也有效，因为水或泡沫能覆盖在这些易燃液体的表面使之与空气隔绝，但水层必须要有一定的厚度；对于能溶于水或部分溶于水的易燃液体，如甲醇、乙醇等醇类、乙酸乙酯等酯类，丙酮、丁酮等酮类液体着火时，可用抗溶性泡沫、干粉等灭火剂进行扑救。

4. 小规模的易燃固体火灾灭火

易燃固体着火绝大多数可以用水扑救，尤其是固态退敏爆炸品和通过摩擦可能起火的固体以及丙类易燃固体等均可用水扑救。

自反应物质不可用窒息法灭火，最好用大量的水冷却灭火；烷基镁、烷基铝、烷基铝氢化物、烷基铝卤化物以及硼、锌、锑、锂的烷基化物等具有遇湿易燃易爆危险的物质着火时不可用二氧化碳、水或含水的任何物质扑救。

遇水放出易燃气体的物质着火不可使用水、泡沫、二氧化碳等灭火剂扑救。例如，碱金属、碱土金属以及这些金属的化合物，它们不仅遇水易燃，而且在燃烧时可产生相当高的温度，在高温下这些物质大部分可与二氧化碳反应，所以不能用二氧化碳施救。可用干砂、黄土、干粉、石粉灭火，对于 D 类金属火灾，可以使用 D 类金属火灾专用灭火剂。

5. 小规模氧化性物质着火

氧化性物质着火或被卷入火中时会放出氧气而加剧火势，应使用大量的水或用水淹浸的方法灭火，这是控制氧化性物质火灾最为有效的方法。

6. 小规模有机过氧化物着火

有机过氧化物因为含有过氧基，化学性质极其不稳定，对热、震动、冲击或摩擦都极为敏感。受到轻微外力的作用即可分解。例如，过氧化二苯甲酚含水量在 1% 以下时，稍有摩擦即能引起爆炸。有机过氧化物着火或被卷入火中时，可能导致爆炸，人员应尽可能远离实验室，报告火警处理。

小知识

爆炸品——包括爆炸性物质、爆炸性物品以及为产生爆炸或烟火实际效果而制造的上述两项中未提及的物质或物品。例如：TNT（三硝基甲苯）、硝化甘油、雷汞等。

易燃气体——包括在 20 摄氏度和 101.3 千帕条件下，爆炸下限小于或等于 13% 的气体，或不论其爆燃下限如何，其爆炸极限（燃烧范围）大于或等于 12% 的气体，例如，丁烷、丁烯、环丙烷、二甲醚等物质。

易燃液体——是指易燃的液体或液体混合物，或是在溶液或悬浮液中有固体的液体，其闭杯试验闪点不高于 60 摄氏度或开杯试验闪点不高于 65.6 摄氏度。

固态退敏爆炸品——指为抑制爆炸性物质的爆炸性能，用水或酒精湿润爆炸性物质，或用其他物质稀释爆炸性物质后，形成的均匀固态混合物。

自反应物质——是指即使没有氧气、空气存在，也容易发生激烈放热分解反应的热不稳定物质。例如，脂肪族偶氮化合物、有机叠氮化合物、重氮盐、亚硝基化合物和芳香族硫代酰肼化合物等。

遇水放出易燃气体的物质——是指遇水放出易燃气体，且该气体与空气混合能够形成爆炸性混合物的物质。典型物质有活泼金属及其合金类，如锂、钠等；金属氢化物类，如氢化钠、氢化钙等；硼氢化物类，如硼氢化锂、硼氢化钠等；金属碳化合物类，如碳化钙、碳化铝等；金属磷化物类，如磷化钠、磷化铝等；金属硅化合物类，如硅化镁等；金属粉末类，如锌粉、镁粉等。

氧化性物质——是指本身未必燃烧，但通常因放出氧气可能引起或促使其他物质燃烧的物质。氧化性物质分为无机氧化性物质和有机氧化性物质。无机氧化性物质有过氧化钠、高锰酸钾、氯酸钾水溶液、氯酸钠水溶液等，有机氧化性物质主要为有机硝酸盐类，如硝酸氨基化肥、硝酸胍等。

有机过氧化物——是指含有两价过氧基结构的有机物质。

小贴士

实验室里火灾起，电话报警要迅速；
初起火灾快处置，灭火毯或灭火器；
火灾遇到爆炸品，迅速撤离找掩体；
易燃气体若泄漏，切断气源最关键；
切勿操作引火花，引发爆炸威力大；
易燃液体若着火，切断蔓延控燃烧；
易燃固体常用水，氧化性物水大量；
物质危险各不同，谨慎选择灭火剂。

问题 62. 图书馆书籍着火如何处理?

高校图书馆是学生和教师查找资料的重要场所，不仅学习、借阅的读者很多，而且典藏着很多贵重资料，价值高的图书、报刊和电子资源等，一旦发生火灾，损失巨大。

图书馆火灾若为书籍起火，则属于A类火灾。高校学生发现书籍着火，要第一时间拨打“119”火警电话，并告知图书管理员。一般图书馆会配置气体灭火器及干粉灭火器，如在火灾初期，就近寻找手提式灭火器灭火，一般优先选用气体灭火器灭火，这样能最大程度地减少对图书资料的损害，同时可让身边人移开着火书籍周围未燃的书籍等可燃物质，隔离火灾，限制火灾的发展。

一旦烟雾爆发，说明火灾将爆发性增长，此时应迅速离开着火场馆，疏散到安全地带。

小贴士

书籍起火为A类，报告火警为第一；
通知图书管理员，就近寻找灭火器；
优先选用气体式，降低图书受损害；
移开书籍隔离火，烟雾爆发速离开。

问题63. 电动车起火如何处理?

电动车因价格便宜、骑乘简单、停车方便，备受高校学生的青睐，不少学生购买了电动车作为出行工具。随着电动车数量的激增，近年来全国电动车火灾数量也逐年迅速增加，已成为城市中火灾的重要原因之一。

电动车引发火灾的危害表现在两点，即火场温度和有毒气体。数据显示，3分钟，电动车火灾火场温度高达千度；30秒，有毒气体覆盖整个房间。

所以，电动车不允许放置在楼道和房间内充电，应露天放置或放置于专用车棚内。电动车着火的处置方法如下：

（1）针对电动车起火，可以做的事情是第一时间拨打“119”火警电话。

（2）在保证自己安全的情况下断电。如在充电过程中出现事故，有条件的话应该第一时间断电。

（3）防毒。电池起火后，会产生很多氟化氢、氰化氢之类的有毒气体。

（4）尽可能把电动车周边的易燃可燃物品移开，防止火势进一步扩大蔓延。

（5）消防员到场以后，如是自己的电动车着火，要配合消防员的救援行动，将车辆基本信息如动力电池种类、容量、安装位置等，第一时间告知消防人员。

小贴士

电动车火特点多，火温上千三分钟；
有毒气体覆房间，时间仅需三秒钟；
充电应在专用棚，严禁房间或楼道；
如果可以先断电，有毒气体要防备；
移开周边可燃物，防止火势来蔓延；
第一时间要报警，车辆信息要告知。

第4篇　逃生篇

【引导语】虽然全国各个城市纷纷加强对高校的消防安全管理，加强科普宣传，但是，高校仍是火灾频发的一个场所。一方面，高校师生的火灾安全意识依然薄弱。另一方面，面对突如其来的火灾，在校大学生应对校园火灾的个人自救逃生装备不足，自救逃生能力仍然有待大幅提高。

本篇主要阐述高校学生在火灾发生时安全疏散、逃生和紧急避险的方法，被困火场时，如何借助火场逃生器材有效地自救和受伤急救。目的是围绕火灾发生后逃生自救，帮助大学生正确应对火场的各种情况，安全逃生，实施自救互救，最大限度地降低火灾伤亡。

专题一：火场疏散与紧急避险

问题 64. 火场中有哪些致命危险?

纵观高校火灾案例可以发现，火场中威胁生命安全的因素有很多，主要有火场高温和灼烧、烟气毒害、爆炸、坍塌以及疏散踩踏。我们还发现，大多数遇难者不是因烧伤毙命，而是死于烟气毒害，因此，烟气被称为火场第一杀手。下面我们对以上因素进行简单分析。

1. 火场高温和灼烧

（1）认识建筑室内火灾发展的三个阶段。第一阶段，火灾初期增长阶段。此时，由于火势较小，室内温度逐渐升高，整体室温略有增加。随着热烟气的扩散并向四周辐射热量，使得室内可燃物受热分解产生大量可燃气体，当室内的上层温度达 400 ~ 600 摄氏度就足以点燃聚集的可燃气体，呈现瞬间室内所有物品全面燃烧的现象，这一现象称为轰燃。轰燃是火灾达到第二阶段的标志，此时室内处于持续的高温状态，可达 700 ~ 1 100 摄氏度，火焰包围所有可燃物，燃烧速度达到高峰。随着可燃物的燃烧殆尽以及有限空间内氧气渐渐消耗，火灾走向第三阶段，火灾的衰减阶段，可燃物表面不再有火焰，可燃物残骸呈阴燃状态，室内温度降至 500 摄氏度左右。

（2）火焰和高温的伤害。火焰和高温会造成皮肤烧伤或烫伤。如果皮肤烧伤面积过大容易导致缺氧等症状，甚至休克或死亡。高温导致被困人员神志不清，疏散秩序混乱，容易酿成踩踏惨案；当高温超过人体的耐受极限，被困人员可能会不加思索地选择跳楼逃生，从而导致死亡。

2. 烟气毒害

烟气中含有大量有毒的气体，详见表4–1。许多火场中毒致死者主要因为吸入含一氧化碳的烟气。另外，由于燃烧消耗氧气和燃烧产生的有毒气体，使得烟气中的含氧量低于人们生理正常所需，从而引起窒息。

表 4–1　烟气毒害

有毒气体	毒害作用机理	作用后果
一氧化碳	可与血红蛋白结合产生碳氧血红蛋白，使血液减弱或丧失携氧功能，而导致缺氧	严重时可引起死亡
二氧化碳	本身没有毒害性，但能够使人的呼吸频率增快，促进对毒物、刺激性气体的吸收	加重中毒危险
氮氧化合物	刺激皮肤、黏膜，尤其是形成光化学烟雾后，其刺激性更强	引起咽痛、胸闷气喘、头痛、眼睛刺痛、肺炎，严重可危及生命
氢氰化合物	能够抑制酶的产生，阻碍正常细胞的新陈代谢，使氧不能被有效地利用，引起细胞极度缺氧而发生窒息	导致急性中毒，严重时可致死

3. 爆炸

爆炸是物质从一种状态迅速转化成另一状态，并在瞬间放出大量能量，同时产生声响的现象。爆炸对人体的伤害主要是冲击波和爆炸时产生的碎片。对于人体而言，冲击波可使人体内脏器官严重损伤，尤其会造成肺、肝、脾破裂，进而导致人员死亡。爆炸碎片主要造成人体机体外在的直接损伤，例如皮肤肌肉组织的破裂、流血。

4. 坍塌

火场中的建筑坍塌多是由于长时间燃烧，破坏了构件的完整性、稳定性而失去承载能力造成的建筑物全部或局部倒塌。

消防员灭火时，建筑物构件处于高温状态下，在使用大口径水枪、水炮灭火时，水流的温度与建筑物构件形成巨大的温差。若着火建筑为钢结构，遇水忽然冷却会使钢结构失去稳定性，可能会导致建筑物整体坍塌。

坍塌坠落的建筑构件可能对火场人员造成直接撞击，导致受伤乃至身亡。燃烧的建筑构件倒塌后接触到人体，导致烧伤；接触到可燃物，加速火灾的蔓延和扩大。建筑构件的坠落物或疏散楼梯的破坏，将使得救援和疏散通道被堵塞，为逃生和救助带来障碍。

5. 踩踏

人员密集场所发生火灾时，短时间内人员疏散压力巨大，如果不能正确引导分流和组织疏散，可能在慌乱中造成踩踏伤害。踩踏给人员带来的危害轻则重伤，重则死亡，见表 4–2。因此，在高校火灾疏散逃生时，尤其要注意防止出现踩踏事故。

表 4-2　　　　不同部位踩踏的后果

不同身体部位的踩踏伤	后果
头面部	可致头面部破裂、口鼻出血、颅骨骨折等，甚至死亡
胸、腹部	可致肋骨骨折、气胸、血胸、心脏或肺挫伤，导致呼吸突然停止、腹部重要脏器破裂、体腔内大出血甚至死亡
四肢	造成骨折、皮肤破损

小贴士

火场致命危险多，我们一起来了解；
火灾高温和灼烧，温度高达一千一；
烧伤皮肤或烫伤，面积过大易休克；
烟气有毒易致死，含氧降低引窒息；
爆炸瞬间能量高，内脏损伤冲击波；
碎片引起外损伤，皮肤破损致流血；
燃烧过久会坍塌，直接撞击致身亡；
高校火灾人密集，防止踩踏引损伤。

问题 65. 火场遇险人员会产生哪些心理应激反应？

火场是一个恐怖而又危险的现场，人在火场中的心理和行为反应直接关系到自身安全。人的心理和情绪受客观环境影响，当处在火场浓烟、火焰、毒气下会产生特定的心理反应，主要包括以下几个方面：

1. 恐慌心理

（1）定义：恐慌是指不能迅速适应变化的环境所产生的“害怕”

的心理反应，是火灾时绝大部分人所产生的普遍情绪。

（2）主要表现：心慌、害怕、言行错乱和意志力下降等。

（3）结果：适度的恐慌心理也有一定的优点，促使人第一时间采取措施积极逃生。过分的心理恐慌会导致人的正常思维被干扰，要么选择错误的逃生路线，要么错过最佳逃生时机；还会导致火灾时报警人言语含混不清，无法说清起火地点的现场情况，仅仅重复若干简单的词句。

2. 漠然心理

（1）定义：漠然心理是过分忽略火灾可能造成的危害的心理。

（2）主要表现：动作迟缓，撤离火场速度缓慢，不思考应该采取的准确路径或方法。

（3）结果：一般是错失逃生黄金期，选错逃生方法。

3. 茫然失措

（1）主要表现：处在火场中理性判断能力极为缺乏，想跑路不熟，想商量无熟悉面孔，找不到可信赖的依靠，又生怕大祸临头，于是就会立即产生空虚茫然感。

（2）结果：难以听从别人的指导和规劝，陷于麻木状态。

4. 从众心理

（1）定义：从众心理是指人们在自身没有主见的情况下，寄希望于跟随人流离开特殊环境的心理行为。

（2）主要表现：已有文献研究表明，在火灾疏散过程中，高校学生有“从众心理普遍”和“乐于改变逃生路线”两大特点。这与高校学生因集体生活，学生间相互熟知有很大关系。另外，高校学生在逃生时很愿意帮助逃生困难的人。

（3）结果：在这种心理影响下，高校学生逃生时更易“随大流”

选择疏散路径和逃生出口，这种选择有时带有一定的盲目性，选择出口的标准主要为最近出口。易造成逃生通道堵塞，不能及时疏散出去，甚至发生踩踏事件，加重伤亡。

此外，根据调查，高校学生在出口拥堵且有其他选择时会很快改变逃生路径，这与对宿舍楼或教学楼等较为熟悉也有一定的关系。

5. 冲动和侥幸

（1）定义：冲动是外界刺激引起的，靠激情推动的心理，它受情绪的左右。侥幸则是一种趋利避害的冒险投机心理，行为人即使认为不一定成功，也决心要付诸行动。

（2）主要表现：火场冲动常表现为以逃避眼前的烟、热等危害为目的的单一行为，如乱跑乱窜、大喊大叫以及跳楼等。

（3）结果：会使自己陷入危险境地，还会增加其他人的惊慌心理，从而使火场中的人们更加混乱而难于疏导和控制。火场中，侥幸心理是妨碍正确判断的大敌，往往会干扰理智的思维和正确的判断。

小贴士

火场遇险会恐慌，心慌害怕言行乱；
过度恐慌误逃生，言语不清报警人；
漠然应对失时机，延误逃生黄金期；
茫然失措缺判断，陷入麻木难规劝；
从众心理没主见，高校学生尤明显；
逃生路线“随大流”，堵塞通道易踩踏；
冲动侥幸陷危险，冒险投机致跳楼；
应激反应多了解，危险来临需镇静。

问题 66. 建筑着火后的逃生时间大概有多少?

在房屋着火后，我们有多长时间能够逃生呢? 30 分钟，15 分钟，还是 5 分钟? 事实告诉我们，可以用来逃生的时间真的很短。在过去的几十年里，逃离火灾的时间大大减少了。30 年前，可能有 15 ~ 20 分钟的时间来逃离火灾。今天，我们可能只有 3 ~ 5 分钟的时间逃离火灾。其主要原因为:

1. 塑料制品越来越多

我们使用的塑料制品越来越多。尤其是高校宿舍、实验室等地方，有很多的塑料容器，而这些容器以前多是玻璃制品。各类柜子、地板等，通常都是用塑料或纸层压材料覆盖在改性或复合木基上，用易燃的胶水粘在一起。所有这些因素导致了更具破坏性的高校火灾。

2. 石油产品和化学合成材料的大量使用

高校学生宿舍里大量的床上用品等，通常都含有石油产品和化学合成材料，它们的燃烧速度很快。

3. 燃烧产生的烟雾更大

研究表明，大量石油产品、化学合成材料的使用，燃烧时不仅产生更多的热量，还产生更多的烟雾。这种致命的烟雾充满了有毒气体，包括一氧化碳、二氧化碳、硫化氢、未燃烧的碳氢化合物和氰化物，毒性也更大。实验证明，从火灾开始到烟雾充满如学生宿舍面积大小的房间，时间通常不会超过 5 分钟。

4. 房屋面积更大，层高更高

随着我国高校的逐年发展、积累以及扩招，在校学生数量增长很多，对高校宿舍、教学楼、图书馆、实验楼等各种场所的需求日益增加，高层宿舍楼慢慢取代了 2 ~ 3 层的宿舍楼，甚至出现了集办公室、教室、计算机房或者实验室于一体的综合教学楼或者科研楼。高校建筑物面积更大，层高也更高。这些改变也使得新建的房屋比 30 年前的房屋燃烧得更快、温度更高。这是一个空间遏制的问题。新建的房子会有更加开阔的大厅，而老房子往往有更多的小房间，这些房间往往有门。

5. 建筑物越大，可燃物越多

例如，高层宿舍楼越大，房间数量越多，可容纳的学生越多，可燃物（家具、衣服、装饰等）可能就越多。这些趋势使得火灾可以迅速蔓延。

尽管每一场火灾都不一样，但与 30 或 50 年前相比，我们逃生的时间少了很多。如今的房屋火灾的燃烧速度比以前快多了，这是因为家用的物品、建筑材料的种类发生了很大的变化，以及有了更多的开放式空间和更高的层高。一旦火灾发生，我们用来逃生的时间比想象的要少得多。因此，做好各种逃生准备，在灾难来临时，可能会挽救我们的生命。

小贴士

建筑着火快快逃，逃生时间有几多？
三十年前为十五，而今最多五分钟。
若问为何变化大，我们一起找缘由。
高校宿舍实验室，塑料制品日益多；
化学合成石油品，学生宿舍尤其多；
石油产品燃烧快，热量烟雾高又多；
综合教学科研楼，高层宿舍更加多；
面积层高均扩大，火势蔓延快得多！

问题 67. 火场中哪些行为要不得?

火灾既是一种突发性事故，也是一种危及人们生命安全的灾难性事故。发生火灾这种突发性的事故常常使在场的人们产生一些异常的心理状态，从而影响疏散和逃生。同时，我们是否具备正确的消防常识，是否能够做出正确的行为选择，决定了一个人的生死。下面我们就列举一些火场逃生中的错误行为。

1. 错误一：原路逃生

（1）错误行为：习惯原路逃生是最常见的火灾逃生行为模式。如果我们对逃生路线不了解，当发生火灾的时候，绝大多数是奔向习惯的路线，作逆向返回的逃生。倘若该通道被烟火封锁，则再去寻找其他出口。殊不知，不提前观察离自己最近的安全出口位置，而盲目按照习惯原路返回，这种舍近求远的做法，可能导致耽误最佳的逃生时机，陷入困境。

（2）解决方法：在我们来到新的学校，住到新的宿舍，接触到新的教学楼、实验楼或者图书馆时，应该为自己制定一份场所的火灾逃生预案；或者提前对建筑物的周围环境和安全出口、疏散通道等进行必要的了解与熟悉，确保一旦发生火灾可以快速自救逃生。

2. 错误二：自高向下

（1）错误行为：俗话说，人往高处走，火焰向上飘。当高层宿舍或者教学楼发生火灾，我们总是习惯性地认为，着火是从下往上的，越高楼层越危险，越低楼层越安全，只有尽快逃到一层，跑出室外，才有生的希望。殊不知，这时的下层可能是一片火海，盲目地朝楼下逃生，简直是自投火海。

（2）解决方法：保持冷静，判断迅速。特别是对于只有一个疏散楼梯、不具备防火防烟功能的老旧建筑，不要盲目沿楼梯疏散，如果楼梯内已经充满烟雾，可在房间内采取湿毛巾捂口鼻、往门上浇水冷却、往有新鲜空气的阳台躲避等方法，并告知“119”你的具体位置，等待消防人员救援。

3. 错误三：人越多的地方越安全

（1）错误行为：当人的生命突然面临威胁时，极易因惊慌失措而失去正常的判断思维能力，当听到或看到有人在前面跑动时，第一反应就是盲目地紧随其后。常见的盲目追随行为有跳窗、跳楼，逃进厕所、浴室、门角等。

（2）解决方法：克服盲目追随的方法是平时要多了解与掌握消防自救与逃生知识，避免事到临头没有主见而随波逐流。

4. 错误四：逗留观望

（1）错误行为：高校学生对烟雾报警器等火警信号十分信赖，在听到宿舍或者教室其他区域的喧哗、喊叫时不敏感，不相信，往往认为只要没有听到火警信号就是安全的。因此，很多学生在早期会持观望的态度，可能错失逃生最佳时机。

（2）解决方法：要时刻保持警惕心。听到或者看到异常现象时，要多留心，可能有危险存在时要快速反应，不能盲目自信。

5. 错误五：高声喊叫

（1）错误行为：遭遇突然袭来的爆炸、火灾时，出于本能反应，许多人都会惊慌乱跑，呼叫求生。然而，由于火灾现场有大量烟雾、炭粒和刺激性的化学物质，加之被困人员情绪高度紧张，呼吸的频率加快，不由自主进行深呼吸，一旦大声呼救，反而会比平时吸入更多热空气和有害物质，这样就极易造成吸入性损伤。

（2）解决方法：遇到火灾时，切勿盲目大声呼救，要保持平稳呼吸，尽量伏低身子尽快脱离火源。在逃生时最好要用湿毛巾捂住口鼻，避免热空气和烟雾的吸入，即便找不到湿物，也要想方设法使用其他物品尽量减少呼吸，只有避免吸入性损伤才能保证逃生后的救治顺畅，避免为后续治疗埋下更大隐患。

小知识

轻度吸入性损伤表现为伤者嗓子难受，重度吸入性损伤的伤者在伤后的几小时到一周内陆续出现肺水肿，呼吸困难，气道坏死组织脱落引发梗阻，由缺氧而引起各脏器衰竭，休克等，最终导致死亡。据统计，中度吸入性损伤的死亡率在23%左右，重度吸入性损伤的死亡率就高达75%，如果重度再结合合并急性呼吸功能衰竭，死亡率就能提升至80%以上。

小贴士

火灾突发影响大，缺乏常识难逃生；
错误模式要了解，正确方法要牢记！
原路逃生不可取，逃生预案提前制；
自高向下有危险，保持冷静待时机；
盲目追随要克服，事到临头有主见；
喧哗嘈杂要敏感，时刻保持警惕心；

烟雾多时勿喊叫，吸入损伤要避免；

平稳呼吸要保持，伏低身子离火源。

问题 68. 引导火场疏散的标识有哪些？

消防安全标识根据其功能可分为以下几类：火灾报警装置标志、紧急疏散逃生标志、灭火设备标志、禁止和警告标志、方向辅助标志以及文字辅助标志等。今天就让我们一起来认识一下火场疏散逃生的相关标识（见表 4-3）。

表 4-3　　　　火场疏散逃生相关标识

序号	名称	标识	含义
1	消防按钮		标示火灾报警按钮和消防设备启动按钮的位置
2	发声警报器		标示火灾发生警报器的位置
3	火警电话		标示火警电话的位置和号码
4	紧急疏散时滑动开门		标示滑动开门的方向和位置

续表

序号	名称	标识	含义
5	击碎面板		需击碎面板才能拿到钥匙、工具、操作应急设备或开启紧急逃生出口
6	逃生梯		标示固定安装的逃生梯的位置
7	安全出口		标示通往安全场所的疏散出口
8	灭火设备		标示灭火设备集中摆放的位置
9	手提灭火器		标示手提灭火器的位置
10	禁止用水灭火		标示禁止用水做灭火剂或用水灭火
11	禁止阻塞		标示禁止阻塞指定区域（如疏散通道）

续表

序号	名称	标识	含义
12	禁止锁闭		标示禁止锁闭的指定部位（如疏散通道和安全出口的门）
13	疏散方向		指示安全出口的方向

问题69. 火灾时为什么不能选择电梯疏散?

很多消防宣传都告诉我们，发生火灾时，不能乘坐电梯。火灾时禁止使用电梯或不应将电梯作为安全疏散设施不仅是国际惯例，国内的相关法规、标准、规范、制度等也都作了类似的规定。不过，当一场火灾猝不及防到来时，人们总想以最快的方式逃离火场，尤其身处高层建筑时，很自然会想到搭乘电梯逃生。然而你可能不会意识到，当你踏入电梯轿厢的时候，意味着你离危险又进了一步。

不能选择普通电梯主要有如下原因：

1. 容易断电

火灾发生时，电梯往往容易因断电而造成“卡壳”，将乘坐电梯逃生的人员困在电梯厢内。

2. 易形成烟囱效应

电梯井直通楼房各层，一旦发生火情，火场烟气涌入电梯井时极易形成烟囱效应，电梯里的人员随时会因浓烟毒气熏呛而窒息死亡。

3. 不容易脱困

电梯不具有防高温性能。当遇到高温，电梯厢容易失控甚至变形卡住。

4. 疏散能力有限

发生火灾时，电梯一次只能载运十几个人，其余人还要等候，这样会延误疏散时机。

小贴士

高层宿舍如起火，逃生不可乘电梯；
容易断电易“卡壳”，被困梯厢误时机；
烟囱效应在梯井，毒烟熏呛会窒息；
乘坐人数有限制，等候疏散误时机。

问题 70. 火场疏散的正确行进方式有哪些?

突遇火灾，面对浓烟和烈火，首先要保持镇静，迅速判断危险地点和安全地点，决定逃生的办法，尽快撤离险地。千万不要盲目地跟从人流、相互拥挤和乱冲乱窜。人们逃离火场时采用正确的行进方式非常重要。错误的行进方式不仅可能给逃生者带来不必要的伤亡，而且可能导致踩踏事故，造成群死群伤。那么，我们在火场中疏散时应该选择哪些正确方式呢？正确逃离火场的行进方式有以下三个要领：

1. 在烟气层下行进

火灾的烟气比空气轻，发生火灾时，烟气先沿天花板蔓延，然后往下扩散。在烟气层离人们头顶有较大距离时，人们可以直立行进撤离火场；当烟气层扩散到头部的高度时，逃生者应该弯腰行进；烟气再次降低，再扩散到胸部高度时，应匍匐行进。这样做的目的是在尽可能少吸入烟气的情况下，迅速撤离火场。我们必须知道，火灾中的烟气层是动态的，而不是静态的。人们应该根据烟气的不同高度采用不同的行进姿势逃生。

2. 疾走

疾走是确保群体迅速有序撤离火场的最好方式。一幢教学楼、实验楼里有几百个人。一旦发生火灾，如果大家都奔跑着逃离火场，就很可能发生踩踏事故。

3. 单排疏散，留出通道

楼房，尤其是高层楼房一旦发生火灾，疏散逃生的人员应从楼梯门沿墙体右侧成单排纵队下楼。左侧楼梯要留出，作为登楼救人灭火的消防员的通道，这样既能使疏散逃生有序，又不影响消防员作业。

小贴士

火场疏散快行进，正确姿势记清楚；
烟气要比空气轻，行进要在烟层下；
烟气层高在头部，弯腰行进正适宜；
烟气降低至胸部，匍匐行进少吸入；
群体疏散要疾走，兼顾有序和迅速；
单排疏散沿右侧，登楼救援有通道。

问题 71. 如何避免火场疏散出现踩踏危险?

高校建筑发生火灾时，受到火灾影响的人数往往会很多。在火灾等意外发生时，如果疏散出口拥堵，恐慌的人群更易发生踩踏事故。因此除了解必要的火场逃生知识外，还应该掌握预防踩踏的技巧。

1. 预防踩踏

（1）要时刻保持冷静，提高警惕，尽量不要受周围环境影响。尽可能提前通过消防演习等方式，熟悉高校重点场所的安全出口，争取快速逃生，防止安全出口出现拥堵。

（2）跟随人群疏散逃生时，遇到台阶或楼梯时，尽量抓住扶手，防止摔倒。发觉拥挤的人群向自己行走的方向前行时，应立即避到一旁，不要慌乱，不要奔跑，避免摔倒。顺着人流走，切不可逆着人流前进，否则，很容易被人流推倒。假如陷入拥挤的人流时，一定要先站稳，身体不要倾斜失去重心。要用一只手紧握另一手腕，双肘撑开，平放于胸前，要微微向前弯腰，形成一定的空间，保证呼吸顺畅，以免拥挤时造成窒息晕倒。即使鞋子被踩掉，也不要弯腰捡鞋子或系鞋带，有可能的话，可先尽快抓住坚固可靠的东西慢慢走动或停住，待人群过去后再迅速离开现场。

（3）在拥挤的人群中，要时刻保持警惕，当发现有人情绪不对，或人群开始骚动时，就要做好准备保护自己和他人。

（4）在人群骚动时，脚下要注意，千万不能被绊倒，避免自己成为拥挤踩踏事件的诱发因素。

（5）当发现自己前面有人突然摔倒，要马上停下脚步，一定要大声呼喊，尽快让后面的人群知道前方发生了什么事，否则，后面的人群继续向前拥挤，就非常容易发生拥挤踩踏事故。若自己不幸被人群推倒后，要设法靠近墙角，身体蜷成球状，双手在颈后紧扣以保护身体最脆弱的部位。

2. 预防踩踏的自我保护姿势

左手握拳，右手握住左手手腕，做到双肘与双肩平行；双肘在胸前形成牢固而稳定的三角形保护区；低姿前进。

3. 不慎倒地时的自我防护动作

两手十指交叉相扣，护住后脑和后颈部；两肘向前，护住双侧太阳穴；双膝尽量前屈，护住胸腔和腹腔的重要脏器；侧躺在地。

小贴士

火灾恐慌急疏散，恐慌人群易拥堵；
预防踩踏有技巧，我们一起来记牢！
保持冷静警惕高，提前演练逃生快；
跟随人群遇楼梯，紧抓扶手防摔倒；
人群拥挤避一避，不要奔跑免摔倒；
陷入人流先站稳，不要倾斜失重心；
人群骚动要留意，鞋子被踩不弯腰；
不幸挤倒靠墙角，身体蜷球护后脑。

问题 72. 火场逃生时应向着光亮的地方跑吗?

有些观点认为，在紧急时刻要相信人的本能。例如，发生火灾时，就应该相信人的本能，朝着光亮处也就是出口处跑。那么，火场逃生时应向着光亮的地方跑吗？

我们来看一个有经验的消防员寻找着火点的例子。消防员在黑暗中寻找起火点的方法，就是通过水枪“开花”的方式降低一些烟雾的浓度，随后蹲下身子寻找哪里有亮光，此时，光亮的地方往往就是正在燃烧的地方。因此在火场中向着有光亮的地方走，不一定就能够找到出口，反而很可能接近火焰。对于这个问题，我们可以从以下两个方面来分析。

1. 火场上为什么变得很黑暗?

无论是居民楼还是学校的各类建筑物，一旦发生火灾，火场中的电源多半已经被切断或者短路跳闸，因此光线变暗；燃烧产生的烟雾有减光性，使得能见度大大降低。因此，人在浓烟中往往会辨不清方向，浓烟滚滚也会使人产生恐慌，造成混乱局面，给人员疏散与逃生带来困难。

2. 我们需要多高的能见度

通常情况下，人在熟悉的环境中，能看清 5 米的范围就可以安全的逃生，人在不熟悉的环境中需看清 30 米距离时才能安全的逃生，然而在火灾中人能看到的视距一般都达不到安全距离。

因此，在火灾发生时，要保持冷静，寻找疏散通道。如果疏散逃生路径正确的话，通常，烟雾少，能见度高的地方距火点远，如有安全出口，奔向光亮方向逃生无疑是正确的。而在火灾发生时慌不择路，仅仅靠着本能，习惯性地朝着有光的方向跑，很可能有光的方向恰恰是危险的所在。

小知识

减光性——烟粒子对可见光是不透明的，即对可见光有完全的遮蔽作用，当弥漫时，可见光因受到烟粒子的遮蔽而减弱，能见度大大降低。

小贴士

火场逃生应向光？我们一起来探究；
火灾发生电源断，建筑内部光线暗；
燃烧烟雾会减光，浓烟滚滚易恐慌；
能见多远可逃生？安全距离来决定；
熟悉环境要五米，陌生地点需三十；
保持冷静找通道，慌不择路不可要；
有时亮光正燃烧，向光逃生入险境；
通道烟少远火点，奔向光明可逃生。

问题 73. 为什么要设置消防电梯？

有人可能会说，经常会看到高层建筑内有消防电梯，是不是可以在发生火灾时乘坐它逃生呢？下面让我们来了解一下消防电梯。

1. 消防电梯的设置

消防电梯是设置在建筑的耐火封闭结构内，具有前室和备用电源，在正常情况下为乘客使用。在建筑发生火灾时，其附加的保护、控制和信号等功能专供消防员使用。

2. 消防电梯的作用

在高层建筑发生火灾时，消防员乘消防电梯登高灭火，不但能节省到达火灾层的时间，而且能减少消防员的体力消耗。在灭火战斗中，还能够及时向火灾现场输送灭火器材。因此，消防电梯在扑救火灾中占有很重要的地位。

3. 消防电梯的特殊功能

消防电梯是双路电源，即如果建筑物工作电梯电源中断时，消防电梯的非常电源能自动启动，可以继续运行。消防电梯具有紧急控制功能，即当楼上发生火灾时，它可接受指令，及时返回首层，而不再继续接纳乘客，只可供消防人员使用。它在轿厢顶部预留一个紧急疏散出口，万一电梯的开门设置失灵时，也可由此处疏散逃生。

4. 消防电梯和普通电梯的区别

（1）消防电梯要求在火灾情况下能正常运行，而普通电梯很难满足该要求；消防电梯由双路电源引入端部的配电箱体内，使得消防电梯在其他电源切断时，仍能利用消防专用电源运行。在发生火灾时，消防电梯由消防电源供电，供消防队员救火和楼内人员逃生使用。

（2）消防电梯内设专用操纵按钮，即在火灾报警探头发出报警信号，延时 30 秒确认是火灾后，电梯全部降到首层，只有按专用按钮，才可运行。消防电梯首层到顶层运行时间不能大于 60 秒。

（3）消防电梯井底有排水设施，还设置集水坑，容积不小于 2 立方米，潜水排污泵流量不小于每秒 10 升，这是普通电梯所没有的。

（4）消防电梯内还设专用的消防电话。

小贴士

消防电梯为谁备？正常情况乘客用；
紧急控制受指令，直达首层供消防；
专用按钮来控制，到达顶层六十秒；
输送器材到火场，乘梯登高减消耗；
双路电源保运行，建筑断电不影响；

轿厢顶部预留口，开门失灵可逃生。

问题 74. 哪些情况下应该选择紧急避险？

在火灾发生的时候，往往有很多原因使得我们不能立刻选择疏散逃生，而只能选择紧急避险。

发生火灾时，如果你的宿舍正处于着火层或着火层的上方，千万不要贸然逃生。应该按照下面的顺序来判断是否选择紧急避险（如图 4–1）。

1. 判断门外是否已经着火

正确的方法是，轻轻触摸门把手，看看是不是热的。

（1）如果感觉门把手很热，千万不要开门，此时门后面很可能已经着火，如果此时把门打开，火势很可能会立刻蔓延过来。用手背感觉门把手，而不是手掌。因为手背上较薄的皮肤更加敏感，也可防止手掌被灼伤。如果烫手，这时应停留在室内，利用湿毛巾、湿衣物或者淋湿的床单、被子将临近火场的门窗封堵好，防止烟气进入室内，并在门窗上泼水降温，避免火烧到室内，且应到窗口进行呼救。

（2）如果门把手不烫手，可以将门打开一个小缝，判断室外温度。如果温度很高，表明附近已经着火，此时已经不适合逃生，应退回室内避险。

2. 判断楼道附近的温度和烟雾情况

（1）如果烟雾（火）较大，应退回室内避险。

（2）如果楼道附近烟雾和火情较小，可以把浸湿的棉被披在身上，用湿毛巾捂住口鼻，以免吸入浓烟或有毒气体。沿着消防通道往下逃生，并尽可能沿着墙壁边缘逃生，以免逃错方向。

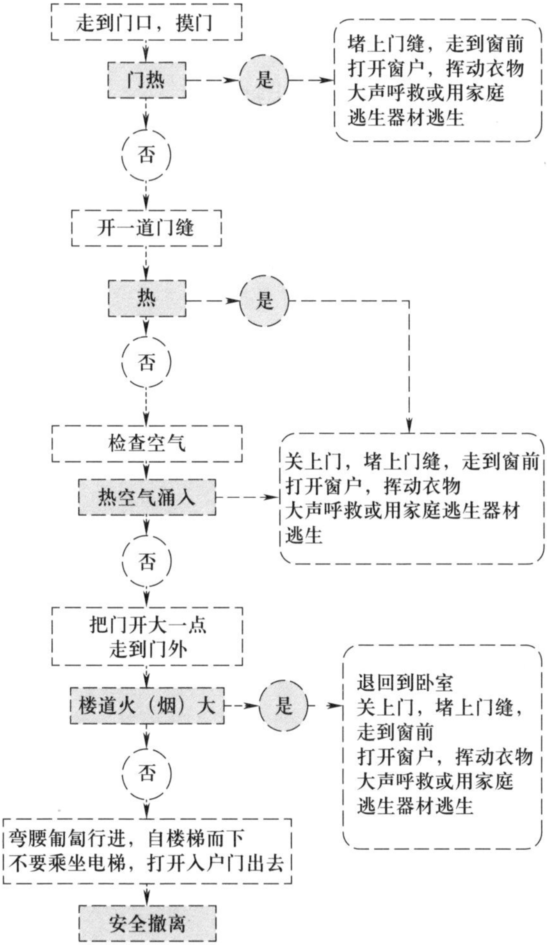

图 4-1　选择紧急避险的程序

3. 特别提醒

逃生时要慢慢地打开任何一扇门，并做好随时迅速关上的准备，以防遇到正在蔓延的大火或者烟雾。

千万不要幻想可以突破火点，火场中心温度有 1 000 摄氏度以上；

即使是临近处也有几百摄氏度，此时最好是在房间内避险。

小贴士

火情判断有技巧，我们一起来探究；
门外是否有燃烧，轻触把手试温度；
手背试温更敏感，防止手掌被灼烧；
如果烫手室内留，温度正常开门缝；
楼道烟雾火又大，退回室内来避险；
火情较小捂口鼻，有毒浓烟防吸入；
淋湿棉被护身逃，消防通道快寻找；
房间避险有诀窍，窗口呼救待救援。

问题 75. 在房间内避险等待救援应该怎么做?

即使你有完美的火灾逃生计划，并且遵守了火灾安全检查表，仍然可能成为火灾的受害者，被迫困在高层建筑里，而你所在的大楼正在燃烧。火灾发生时，如果人员不能立即逃生，只能临时在房间内避险，那么此时一定要保持冷静，果断采取自救措施，主动逃生或积极等待救援，使自己能够生还的概率最大化。具体来讲，我们应该做到以下几个方面。

1. 保持冷静，不要慌

保持冷静是至关重要的，只有保持冷静，做出正确选择，才能给自己和周围人争取最合适的生存机会。

2. 无路可逃，寻找临时避火点

通常来讲，满足以下条件的房间比较适合暂时躲避。

（1）烟雾较轻，氧气充足。

（2）靠近楼内主要通道。

（3）必须有窗户且没有防盗窗。

（4）有足够的水。

（5）最好是满足建设标准的避难间。

3. 关上人和火之间的所有门窗

首先关闭所有的门窗，防止建筑物外面的烟雾从开着的窗户进入。

4. 拨打“119”报警电话

当实在无路可逃时，要尽所能让消防员知道被困人员的位置。打电话给“119”，告诉他们被困人员的确切位置。尽可能详细，使消防员能尽可能有效地找到被困人员。

5. 堵住所有通风口

把所有的通风口都堵上，关上门，用毛巾，衣服或者任何可用的东西塞紧门缝，这将有助于防止烟雾和大火进入房间。如果取水方便，可以用水降温。

6. 向外界发送信号

可在窗口、阳台等处向外大声呼叫、敲击金属物品或投掷软物品，挥动手电筒或浅色衣物引起消防救援人员的注意。

7. 有条件时进行自救

（1）如住的楼层比较矮，应进行自救，将床单、被套、窗帘等撕成条，拧成绳子，绑在暖气管、窗框、床架上等，顺绳索沿墙缓慢滑到地面或下到未着火的楼层而脱离险境。

（2）利用落水管等逃生。两手抓紧，两脚夹住落水管，手脚并用向下移动。

（3）利用阳台、毗邻平台逃生。可将室内的床板或门板置于阳台之间搭桥通过。通过阳台，爬到隔壁安全的地方，或通过窗口转移到下一层的平台逃生。

（4）利用脚手架、雨篷等逃生。如果发生火灾的建筑物周围有脚手架、雨篷等可以攀缘的东西，都可以用来躲避火势，安全逃生。

小贴士

大火封门太可怕，保持冷静莫惊慌，
如若逃生无退路，临时避难要科学；
房间有水又有窗，避火降温有主张；
封堵门缝避烟火，衣服毛毯均可选；
电话呼救衣物挥，表明位置有希望；
低矮楼层多选择，绳索逃生自救强。

专题二：校园典型场所的疏散与逃生

问题 76. 学生宿舍楼火灾如何疏散与逃生？

通常，高校的学生宿舍楼多采用内廊式建筑结构，几何平面尺寸较长，每个楼层房间布置密集，人员容积率高于其他高层建筑。发生火灾时，由于疏散距离长、人多空间少，大部分学生会拥堵在安全出口，无法安全疏散，导致错失最佳的疏散时机。同时，疏散过程中极易发生火灾次生灾害——群体踩踏事件。

学生宿舍楼火灾时的疏散与逃生主要包括以下几个方面：

1. 火灾扑救与报警

当发生火灾时，报警与灭火应当同时进行。

（1）扑灭小火，惠及他人。火灾现场只有一个人时，应一边呼救，一边进行灭火。千万不要惊慌失措地乱叫乱窜，置小火于不顾而酿成大灾。如果火灾初期阶段燃烧面积很小，自己完全有把握将火扑灭，就应当立即在最短时间采用最有效的方法将火扑灭。

（2）灭火时应当注意先切断火场的电源；同时应设法转移火场附近的可燃物，转移不了的应设法降温冷却，尽可能阻止火灾蔓延扩大。

（3）如果发现火灾时，火势已很大，自己难以扑灭，应当立即打“119”消防部门报警电话报警，同时，给高校保安值班室打电话。报警时要讲清楚起火的详细地点（具体到房间号）、燃烧物及火势大小、是否有人被围困，最后留下姓名及联系电话。

（4）应迅速跑出着火房间并关闭房门，截断烟雾的扩散和阻碍火势的蔓延，并通知楼上各房间的同学，迅速疏散。

2. 沉着冷静，逃生疏散

突遇火灾，面对浓烟和烈火，首先要强令自己保持镇静，迅速判断危险地点和安全地点，决定逃生的办法，尽快撤离险地。

（1）着火层以下楼层的同学应采取以下救生方法：

在发生火灾后，由于着火层下层受烟、火威胁较小，立即通过楼梯疏散到地面。

要沉着冷静，严守秩序，才能在火场中安全撤退。倘若争先恐后，互相拥挤，阻塞通道，导致互相踩踏，会造成不应有的惨剧。

（2）着火层的学生应采取以下救生方法：

房间外着火时，若通往楼梯的门未被火封死，可以用浇湿的手帕、毛巾捂住口鼻，采取弯腰或爬行的低姿方式逃出着火区域；

若通道被火封死，无法逃出火场时，应立即关紧房门，打开窗户呼救，等待消防队员的救援。

（3）着火层以上楼层的同学应采取以下救生方法：

在楼梯没有被封堵的情况下，用浇湿的手帕、毛巾捂住口鼻，顺疏散楼梯跑到楼下安全区域。

若楼梯被大火封堵，可以躲进房间，关紧房门，如果室内有水，准备被子、毛毯等，将其淋湿，封堵门缝或者通风口，防止烟雾进入；通过窗户呼救等方式，告知消防员位置，等待救援。

3. 定期演练，有序疏散

（1）高校学生应积极参加疏散演练，平时要熟悉本宿舍楼内的安全疏散通道。

（2）火灾发生后，身处险境，应尽快撤离，不要因害怕或顾及贵重物品，而把逃生时间浪费在寻找、搬离贵重物品上。已经逃离险境的人员，切莫重返险地。

（3）宿舍管理人员要有效组织，保障疏散楼梯及安全出口通畅。

小贴士

高校宿舍学生多，安全隐患问题多；
发生火灾要冷静，扑灭小火惠他人；
火灾报警要及时，关闭房门阻蔓延；
呼喊他人快逃生，有序疏散勤演练；
火情判断要迅速，紧急避险自救强。

问题 77. 图书馆火灾如何疏散与逃生？

高校的图书馆在高校中占有重要地位，其中有着大量的藏书、资料，人员也相对集中。图书馆比较特别的一点是，荷载分布相对集中。因此，对于高校图书馆来说，建筑防火设计和人员疏散问题更为重要。图书馆的火情一旦失去控制，损失往往很大。

高校图书馆一般包含开架阅读书库、电子检索室、电子阅览室、资料室、多媒体教室、小型会议室、计算机房、自习室以及办公室等。通常，各类阅览室、自习室等是人流较大的地方，一旦发生火灾将会对图书馆中的人员构成极大危害。那么，一旦高校图书馆发生火灾事故，我们应如何安全地疏散逃生呢？

1. 定期演练，有备无患

（1）对图书馆工作人员定期组织消防应急演练。工作人员应熟悉图书馆自动灭火系统的功能特点、图书馆建筑防火分区及移动灭火器的使用方法。

（2）在广大师生中要进行防火器材使用方法的普及教育，并要组织消防演习。

（3）及时更新图书馆火灾报警系统，选用灵敏度较高的装置，保证火灾发生时能够及时报警。

2. 积极灭火，临危不乱

（1）快速判断火情并选择处理方式。并非出现任何火情都要报警，也非发现所有火点都要疏散；首先要确定火点的位置与范围，其次是燃烧物类型，除了图书馆内的常见火源外，也会有手机、笔记本电脑电池、充电宝、带入的化学品发生自燃，以及人为纵火。首先判断是否可用手提式灭火器立即扑灭火灾，若有困难，应立即报警并疏散人员。

（2）只留下掌握消防知识的人参与灭火，其中以工作人员为主，以个别经过训练的学生为辅。

（3）要确定人员的疏散通道，实行隔火区域的封闭。

（4）要考虑喷射灭火剂可能对人员及文献资料造成的损伤；气体灭火系统开启前确保人员已经疏散完毕。

3. 重点部位，有序疏散

（1）各部门工作人员听到火警后，应立即明确紧急疏散路线，要在第一时间打开安全通道大门，镇静有序地指挥师生撤离现场；要安抚人群，使之免因惊吓而慌张。

（2）火灾一旦发生，监控人员应立即启动安全设施和广播，指导工作人员和师生按预案的方向和路线实施疏散。

（3）师生要沉着冷静，听从指挥，应立即响应，不要收拾个人或图书馆物品，不观望逗留，快速有序通过疏散楼梯；要从楼梯撤离，不要使用电梯；要尽可能地帮助伤残者。

4. 特别提示

（1）大多数高校图书馆都有中庭设计，由于中庭空间高且通透，火灾探测相对迟缓，极易波及其他楼层，一旦屋顶坍塌，容易造成二次伤害。

（2）馆藏物品既是易燃品又要防潮防水，一旦发生火灾，不仅要灭火，而且要注意保护所有文献资源（包括纸质资源和电子资源），使之免受水及其他灭火剂的进一步损伤。

（3）作为人员集中场所，图书馆一旦发生火灾，人的安全是第一位的。

小贴士

知识海洋图书馆，图书资料学生多；
工作人员和师生，消防演练常组织；
防火分区要了解，报警系统多更新；
着火位置与范围，现场情况快判断；
安全设施要启动，现场人员有组织；
安全通道要打开，疏散路线要明确；
师生疏散快响应，沉着冷静不观望；
文献资料要保护，人的安全第一位。

问题 78. 计算机房火灾如何疏散与逃生？

电气线路短路、过载、接触电阻过大，静电，雷击等强电侵入，机房内计算机、空调等用电设备长时间通电过热、设备故障等原因均可能引起计算机房的火灾事故。由于计算机房内的仪器设备正常工作时对环境的温度、湿度及洁净度要求较高，因此，计算机房多为较密闭的空间，门窗较少，一旦发生火灾，热烟气无法通过窗户顺利排出，机房内烟气较大。如果火灾发生时有工作人员或者师生在场，应注意呼吸系统的防护，防止对人体造成一定程度的影响。下面，我们来介绍一下计算机房火灾的疏散与逃生。

1. 接到警报，判断火情

发现明火，立即关闭计算机房供电系统。在保证自身安全前提下，检查火灾发生区域有无人员受伤，撤离无关人员，扑灭初起火灾。工作人员要利用区域内常规灭火器（干粉或气体灭火器）进行扑救。控制初起火灾，防止火势蔓延。根据火势情况立即启动气体自动灭火装置。若火势较大，拨打“119”消防报警电话。计算机房内的工作人员向主管汇报。同时，应快速组织现场工作人员和师生疏散逃生。

2. 组织疏散，有序逃生

工作人员应立即广播，通知工作人员和师生按预案的方向和路线实施疏散。

火场疏散逃生时，应用湿毛巾等捂住口鼻，背向烟火方向迅速离开。

工作人员要确保安全通道畅通。

工作人员听到火警后，应立即明确紧急疏散路线。

师生要沉着冷静，听从指挥，不观望逗留，镇静有序地撤离现场。

师生疏散时要从楼梯撤离，不要使用电梯。

师生不要收拾个人物品，尽快离开火灾现场。

小贴士

计算机房遇火灾，工作人员快响应；
发现明火断供电，有效利用灭火器；
着火区域快检查，确认有无受伤害；

控制火灾防蔓延，组织师生快疏散；
疏散路线要明确，安全通道保畅通；
机房通常较密闭，呼吸防护不忘记。

问题 79. 实验楼火灾如何疏散与逃生？

作为高校建筑和人员集散的主体，高校实验楼或者实验综合楼不但是高校科研工作的主要场所，而且承载着部分教学和办公任务，建筑内部有很多大型实验仪器和各种易燃易爆物质以及危险物品，事故频发。总结高校实验室事故可以发现，实验室火灾事故多数是人为因素所造成的。因此，高校实验室加强消防安全管理、严格执行操作规程等预防性管理，落实切实可行的防火防爆、电气设备用电安全预防措施，是避免事故发生的基础。而一旦发生火灾事故，我们应该积极应对，尽量降低事故损失。下面，我们一起来了解实验室火灾的疏散逃生。

1. 火灾初期处置与报警

（1）当发生火灾时，应当报警与灭火同时进行。

（2）如果火灾初期阶段燃烧面积很小，自己完全有把握将火扑灭，就应当立即在最短时间采用最有效的方法将火扑灭。切记胡乱用水灭火，扑救前应初步了解火灾对象，选择合适的灭火剂进行初起火灾扑救。

（3）救助伤员。确认现场是否有人员受伤，如果有，及时救助。

（4）如果有意外，应该首先蹲下。因为一般实验台都有一定高度，如果爆炸，蹲着也许可以躲避爆炸飞出的玻璃等物，也可以增加对气浪的抵抗力。

（5）火灾现场只有一个人时，应一边呼救，一边进行灭火。千万不要惊慌失措地乱叫乱窜，置小火于不顾而酿成大灾；若火灾无法控制，应及时报警。报警时说明实验室具体位置，尽可能告诉消防员实验室内涉及的危险品以及仪器设备；同时报告实验室主管。

2. 疏散逃生，清点人员

（1）实验室主管接到报警后应立即启动警铃，通知所有师生快速疏散。

（2）实验楼内所有师生在听到火灾铃声后，在实验楼管理人员的指挥下，按照实验楼火灾疏散预案进行疏散。

（3）实验室内起火物质很可能是危险化学品，因此，无论有无浓烟，疏散过程中尽量用浇湿的手帕、毛巾捂住口鼻，顺着疏散楼梯跑到楼下安全区域。

（4）师生要沉着冷静，听从指挥，不观望逗留，快速有序通过疏散楼梯，防止拥堵踩踏事故；若警铃响起时正在进行实验，应立即终止，快速处理现有实验药剂、器材以及相关设备，防止再次出现火灾爆炸事故。

（5）如果火封住了门，被困室内，应该尽量想办法从窗户等出口逃走。如果实在不行，应尽可能在室内控制火势，洒水降温，保持冷静，迅速联系救援人员，告知位置，发出呼救信号，等待救援。

（6）疏散至室外的所有师生应立即到实验楼外指定地点集合，实验楼管理人员快速核对人员数量。

3. 协同灭火，转移物资

若火势较大，在消防救援力量到场后，应协助消防员进行以下应急救援工作：

（1）清点疏散到安全区域的人员数量，核对是否还有人员被困，提供被困人员可能身处的楼层或位置，便于消防员及时开展搜救。

（2）提供实验楼的楼层平面图或简图，指出楼层的通道情况和房屋布局，方便消防员组织灭火进攻。

（3）优先提供危险品相关信息，协助消防员转移易燃易爆和忌水性的物质，防止火势蔓延到这些位置时发生爆燃或爆炸。

（4）如果可能，重要的资料和实验数据应放在第二优先的位置进行转移。

4. 严格管理，定期演练

（1）高校实验楼内所有参与实验的师生均应进行消防应急知识培训。

（2）定期进行演练，熟悉实验楼基本结构以及疏散通道位置，熟悉疏散逃生预案。

（3）加强高校实验室微型消防站建设，对初起火灾积极响应。

小贴士

实验室里物品多，着火切忌用水泼；
初步了解燃烧物，灭火剂类要选择；
现场伤员要救助，发生爆炸快蹲下；
边灭火来边呼救，报警告知危险物；
组织逃生管理员，师生疏散按预案；
警铃响起正实验，立即终止保安全；
火灾物品危险大，有无浓烟掩口鼻；
集结人数要清点，定期演练管理严。

问题 80. 礼堂火灾如何疏散与逃生?

高校礼堂内起火后，往往会出现混乱状态，与高校宿舍等建筑起火不同，高校师生对礼堂相对陌生，如果疏散撤离期间出现混乱，容易出现拥堵踩踏事故，后果不堪设想。因此，高校礼堂工作人员必须做好火灾逃生预案，了解火灾燃烧蔓延的规律，充分发挥工作人员的能动作用，能够在事故发生时组织师生快速有效疏散。下面，我们了解一下火灾时礼堂的疏散与逃生。

1. 快速响应，报告火情

（1）一旦发生火灾，礼堂安全值勤人员应立刻切断礼堂所有电源；同时拨打“119”，并通知学院保卫部门。

（2）安全值勤人员负责使用消防器材对着火部位进行灭火。

2. 合理组织，有效疏散

（1）礼堂现场负责人必须用指挥器材（电池喇叭，对讲机等）及应急灯具，通知现场人员快速转移。

（2）礼堂现场工作人员应根据火情，指挥所有人员有秩序地以最快速度从不同方向的安全通道疏散。

（3）现场所有师生应有良好的心理素质，保持镇静，不要惊慌，应服从命令，不盲目地行动，防止所有人都朝同一出口疏散，出现拥堵踩踏事故。如果烟雾较低，建议低姿逃生，不要匍匐前进，不要蹲下趴下。由于礼堂人群疏散人数较大，火场里另一个危险事故就是踩踏。发生火灾，秩序混乱，很容易发生踩踏。正确的姿势是，保持低姿，顺着墙壁快速逃生。

（4）礼堂内设有消防疏散通道，并装有门灯、壁灯、脚灯等应急照明设备，标有“出口处”，或“非常出口”“紧急出口”等指示标志；现场师生应注意标志，防止迷路。

（5）礼堂内装饰材料较多，一旦起火会产生较大烟雾，因此现场疏散人员应该用湿手帕、湿毛巾、湿衣物等掩住口鼻，进行呼吸防护。礼堂墙壁上，消防箱、消防柜里，一般会有若干个防烟面罩。如果能第一时间找到它，可以快速戴上。

3. 搜寻伤员，积极营救

（1）疏散后，快速核对现场师生人数，防止有人滞留在礼堂火场。

（2）协助消防员进行伤员营救。检查师生身体状况，对伤员进行紧急救治。

小贴士

高校礼堂火灾起，工作人员来应急；
切断电源并报警，小火快速来处置；
指挥师生快转移，安全通道有计划；
服从指挥不盲目，谨防涌入同出口；
防止迷路看标志，掩住口鼻来呼吸；
保持低姿沿墙壁，清点人数防滞留。

问题 81. 食堂着火如何疏散与逃生？

在高校中食堂起火是经常可见的。学生食堂人员密集，尤其是用餐高峰时间，一旦发生事故便会造成严重的后果。为应对学校食堂突发火灾事故，保证全校师生和食堂全体员工的生命安全，我们一起来了解一下学校食堂起火疏散逃生知识。

1. 快速响应，报告火情

（1）一旦发生火灾，食堂工作人员应立刻切断食堂所有电源。应立即关闭燃气；若有液化气罐等易燃易爆危险品，应迅速转移至安全区域。

（2）同时拨打“119”，并通知学院保卫部门。

（3）工作人员负责使用消防器材对着火部位进行灭火。

2. 合理组织，有效疏散

（1）食堂面积较大，用餐期间人声嘈杂，工作人员应立即拉响警铃，用指挥器材（电池喇叭，对讲机等）及应急灯具，通知现场人员快速转移。

（2）工作人员应根据现场情况指挥合理疏散。快速确认疏散重点，引导组织学生有序疏散。如果一半多的学生平时偏重于在一层用餐，相对来讲减小了二、三层的人员疏散压力，但同时加重了一层的疏散难度。此时一层将成为安全疏散的工作重点。如果大多数的学生习惯于从某侧出口离开食堂，那么该出口应成为应急疏散的重点。

（3）师生要沉着冷静，听从指挥，不观望逗留，快速有序通过疏散通道；要从疏散楼梯撤离，不要使用电梯；应立即响应，不要因为收拾个人物品而错失最佳逃生时机。

小贴士

食堂着火快逃生，切断电源关燃气；

报警同时灭小火，液化气罐快转移；

人员嘈杂响警铃，疏散重点快确定；

师生冷静听指挥，响应迅速得时机。

专题三：火场自救与互救

问题 82. 逃生软梯如何使用?

救生软梯是一种用于营救和撤离火场被困人员的移动式梯子，可收藏在包装袋内，当楼房建筑物发生火灾或意外事故，楼梯通道被封闭时，是在楼房火灾中逃生和营救人员的简易有效工具。救生软梯由钩体和梯体两大部分组成。主梯用绳直径大约为 16 毫米，绳子中内置航空级钢丝包芯，可以起到防火的作用。软梯一般长 10 ~ 30 米，荷载 1 000 千克，每节梯登荷载 150 千克，最多可载 8 人。悬挂式逃生软梯主要适合 6 层及 6 层以下的逃生使用。使用方法如下：

（1）使用逃生软梯时，要把挂钩安放在窗台或阳台上；同时要把两只安全钩挂在附近牢固物体上；然后将梯体向外垂放，形成一条垂直的救生通道。

（2）当沿梯而下时，手与脚用力要保持适中，身体紧贴梯子，防止换手使软梯偏转或摇动。两手不准同时松开，以防脱手造成坠落伤亡。

问题 83. 消防逃生安全绳如何使用?

消防逃生安全绳是火灾逃生中重要工具之一，在高层建筑中使用较多。火场疏散逃生时，遇到无路可逃的情况，从窗口处使用消防逃生安全绳可快速逃离。消防逃生安全绳表面均使用了阻燃剂，使其在高温下不容易烧断，具有耐火、耐高温的特性。消防逃生安全绳使用方法如下：

1. 消防逃生安全绳的使用方法

（1）找到坚固的固定物，将绳子打好结绑在固定物上（例如柱子、栏杆、窗户的边框等），要确定固定物是否牢固，这一步至关重要。

（2）系好安全带和 8 字环、挂扣相链接。将绳索从大孔伸出来，再把绳索绕过小环，打开主锁的钩门，将 8 字环的小环挂进主锁。

（3）检查并确认各个环节安全无误后，将逃生安全绳扔至窗户外，然后沿着墙面下降。

2. 注意事项

（1）逃生人员需对双手进行有效防护措施，（如手套、棉布、毛巾、衣物等）以免在下滑时直接与绳索摩擦会对使用人员的双手造成伤害。

（2）使用逃生安全绳时应避免接触利器、硬物或与墙角发生摩擦，那样会导致逃生安全绳断裂而使逃生人员发生危险。使用逃生安全绳时如接触墙角，必须对绳索进行有效保护，可在与绳索发生接触的墙角处铺垫棉被、衣服等，以缓解对绳索的损伤。

小贴士

逃生使用逃生绳，打结绑上固定物；
系好绳索安全带，检查确认防失误；
手套衣物护手部，沿着墙壁缓降落；
接触墙角垫衣物，避免摩擦防断绳。

问题 84. 身上着火怎么办?

身上着火，一般都是衣服着火。衣服着火后会很快蔓延，把受害者卷入火焰中。某些类型的衣服，特别是合成纤维的衣服，可能会融化并粘在皮肤上。减少火焰伤害的最好方法是尽快扑灭燃烧的织物。

如果人身上突然着火，人跑动，火就会更猛烈地燃烧起来，奔跑只会加剧火势；同时跑动还会把火种带到别处，引燃周围的可燃物；在慌乱中，可能会造成严重烧伤。

1. 身上衣服着火时的自救步骤

停止！蹲下！翻滚！遮住你的脸！

（1）停止。不要跑或挥动手臂。这个动作会煽起火焰，使烧伤更加严重。虽然受害者可能想要伸手去拿水或寻求帮忙，但必须抑制住这种冲动，在原地停下来。

（2）蹲下。迅速趴在地上，用手捂住脸。平躺，双腿伸直，让身体尽可能多地接触地面，以扑灭火焰。遮住脸有助于防止面部烧伤。

（3）翻滚。一遍又一遍地翻滚，努力扑灭火焰。注意身上什么部位在燃烧，把注意力集中在身体的那个部位。

如果可能的话，选择毯子或者其他厚的、不易燃的材料（如麻袋、帆布等）有助于灭火。可以试着滚动它来帮助扑灭火焰。

通常，在哪里“停止”，就在哪里“翻滚”；但是，不要在薄毯子、床单或塑料上打滚，因为可能会不小心把这些材料烧着。身上的火焰蔓延到另一种物体上，可能会导致着火面积的快速扩大。在这种情况下，在停止和蹲下之前，先向周围可燃物较少的地方多走一步。

一旦火熄灭，用水冷却被火烧伤的区域。如果被烧伤，快速拨打“120”！如果衣服和身体粘为一团，千万不要试图剥离。

2. 如果看到别人身上着火时，应该怎么做

（1）如果可能，用水或灭火器灭火。需要注意，灭火器的化学物质可能会使伤口发生感染。

（2）如果可能，将手边能找到的麻袋、帆布或者厚棉被等厚的、不易燃的物品盖住着火部位，窒息灭火。

（3）如果可能，帮助受害人脱衣服。人身上突然着火时，一般只是衣服先着火，如衣服能脱下来时，就尽可能迅速地脱下；如果衣服是纽扣的，应快速的从两边撕开；如果是拉锁的，应尽快解开拉锁，撕脱衣服。然后，迅速将着火的衣服浸入水中，或用脚踩灭或用水扑灭。

小知识

奔跑只会加剧火势——火灾燃烧有三要素，其中一种要素就是助燃物，空气就是其中的一种，因此不管是挥动跑动，只会加剧火势。

窒息灭火法——是阻止空气流入燃烧区或用不燃物质冲淡空气，使燃烧物得不到足够的氧气而熄灭的灭火方法。

小贴士

身上着火不要慌，沉着冷静自救强；
停止蹲下快翻滚，遮脸防护不能忘；
麻袋帆布厚棉被，窒息灭火因缺氧；
快速脱衣远危险，就近取水快帮忙；
口诀一定要牢记，自救互救美名扬！

问题 85. 火灾常见外伤如何急救？

火场中的常见外伤主要有小面积擦伤、裂伤、砸伤、刺伤等。这里对小面积或严重程度较低的各种外伤给出处理建议，如果面积较大、出血过多或者受伤部位较为敏感，则建议及早到医院外科门诊治疗。

1. 擦伤

擦伤只是表皮受伤，伤势一般比较轻微。

（1）对于很浅、面积较小的伤口，可用碘伏、酒精涂抹伤口周围的皮肤，然后涂上抗菌软膏，或暴露，或用干净的消毒纱布包扎好。

（2）如果擦伤面积大、伤口上沾有污物，则必须用生理盐水冲洗伤口。如果没有生理盐水，可用清水冲洗干净伤口，然后用碘伏涂抹伤口及周围组织，再涂上抗菌软膏。

（3）如果受伤部位肿胀明显、渗血较多，最好及早到医院外科门诊治疗。

2. 裂伤

裂伤包括割伤，全层皮肤裂开，伤势往往比擦伤要重。

（1）小的裂伤，如果无明显出血，伤口干净，可以外涂碘伏，然后用消毒纱布包扎，或贴上创可贴。

（2）对于有明显出血的大的裂伤，或是脸上的伤口，按上述方法初步处理后尽快就医。

3. 砸伤

（1）砸伤部位如果仅仅轻度红肿疼痛可不需处理。

（2）如果伤者被重物砸伤或挤伤后，只出现轻度的皮肤红肿疼痛，并无皮肤破损，建议可先观察，暂时不需处理。

（3）如果出现皮肤破损，可按擦伤进行处理。

（4）如果出现皮肤淤紫、破裂甚至疼痛剧烈等重度砸伤和挤伤，则建议尽快就医。

4. 刺伤

（1）首先判断是否残留刺伤物。

（2）如果被细长的玻璃片、针、钉子、刺刀、木刺等刺后留下的伤口一般较小且较深。此类刺伤有感染破伤风的风险，因此应尽早到医院外科处理。

（3）送伤医院前简单的处理：如果伤口没有刺伤物残留，可以首先挤压伤口，让它流出一些血液，再外用双氧水、生理盐水冲洗，然后外涂碘伏。如果仍有残留的刺伤物，可以用消毒后或火烧后的镊子取出，再按上述方法处理伤口。

小贴士

擦伤裂伤砸刺伤，常见外伤要处理；
擦伤局限在表皮，碘伏酒精抗菌膏；
沾染污物面积大，生理盐水来冲洗；

创口肿胀渗血多，医院外科去就医；
裂伤较大出血多，面部伤口要就医；
轻微砸伤不处理，重度砸伤快就医；
钉子木刺玻璃片，刺伤伤口小且深，
感染风险破伤风，医院外科去就医。

第5篇　法律篇

【引导语】5月12日是“全国防灾减灾日”，学校要求各学院组织开展防灾教育，负责该工作的王老师琢磨着近两年大学校园火灾频发，是时候给孩子们敲敲警钟。学校根据《消防法》《社会消防安全教育培训规定》和《高等学校消防安全管理规定》等法律法规，平时采用多种形式向大学生开展消防安全教育和培训，此次防灾教育如果老生常谈，恐怕起不到效果。要让学生们从法律角度认清高等学校以及高校学生应承担的消防安全责任与义务，从火灾案例的教训中树立安全责任意识，切实理解学校安全规定的意义，知行合一，践行日常。

本篇将阐述高校学生消防安全义务的内容，以及作为大学生如何履行消防安全义务、承担社会责任；同时针对校园中的典型案例阐述用火不慎、电气火灾、吸烟导致火灾以及放火等行为将承担的法律责任和后果。

专题一：消防安全义务

问题 86. 高校学生有哪些消防安全义务？

我国的法律规定，公民年满 18 周岁就是完全民事行为能力人，绝大多数大学生都年满 18 岁，具有完全民事行为能力，应该履行公民的消防安全法定义务。《消防法》明确规定了公民的消防安全义务。

1. 维护消防安全的义务

《消防法》第五条规定，任何单位、个人都有维护消防安全的义务。维护消防安全所涉及的内容十分广泛，包括生产、生活的各个领域，基本要求是在工作和学习过程中遵守消防安全规章制度，预防火灾，减少火灾发生。例如，遵守宿舍安全管理规定，不违规使用大功率电器、违章吸烟等。

2. 保护消防设施的义务

《消防法》第二十八条规定，任何单位、个人不得损坏、挪用或者擅自拆除、停用消防设施、器材，不得埋压、圈占消火栓，不得占用防火间距，不得堵塞消防车通道。消防设施、消防车通道是火灾能否及时顺利地得到扑救的重要保障之一，因而禁止任何人损坏或破坏消防设施。然而，生活中，损坏、挪用消防设施、器材，占用、堵塞、封闭疏散通道、安全出口、消防车通道的行为还较为普遍，导致一旦发生火灾，消防设施、器材失去应有的效能，消防车不能靠近灭火，火势蔓延，小火酿成大灾。

3. 报告火警的义务

《消防法》第四十四条规定，任何人发现火灾都应当立即报警。任何单位、个人都应当无偿为报警提供便利，不得阻拦报警，严禁谎报火警。及时准确地报告火警是及时获得火灾救助的关键，发现火灾，报告火警、提供报警条件是单位和公民应尽的义务。这主要包含两层内容：一是及时报警。在火灾发生时，及时报警是及时扑灭火灾的前提。发现火灾，及时报警，对于减轻火灾危害有非常重要的作用。此外，为报警人提供报告所需要的通信、交通或者其他便利时，不得收取费用或者报酬。对报警人的报警行为，不得以任何借口和理由加以阻止。二是严禁谎报火警。谎报火警是指故意编造火灾情况或者明知是虚假的火灾信息却向消防救援机构报告的一种制造混乱的行为。谎报火警不仅破坏了消防救援队伍正常的执勤秩序，而且严重扰乱了社会治安秩序、造成人们的恐慌，危害公共安全，属于坚决禁止的行为，违反需承担相应的法律责任。

4. 参加有组织的灭火行动

消防法第五条规定，任何单位、成年人都有参加有组织的灭火工作的义务。这里的“成年人”，是指年满 18 周岁的人。大学生作为成年公民，参加有组织的灭火工作也是应尽的一项法律义务和社会责任。

问题 87. 高校学生应该掌握哪些消防安全知识和应急处置能力？

公安部、教育部、人力资源和社会保障部联合发布的《社会消防安全教育培训大纲》规定了大学生应通过接受消防安全培训，了解消防安全基本知识和消防法规基本常识，增强消防安全意识，提高火灾预防意识和火场逃生能力。宣教内容有：

1. 消防安全基本知识

（1）了解燃烧的条件。

（2）了解火灾的危害。

（3）了解火灾发生的原因。

（4）掌握火灾报警的方法、内容和要求。

（5）掌握逃生自救的基本方法、要求和注意事项。

（6）了解常见的消防安全标志标识。

（7）了解常见的建筑消防设施、器材。

（8）了解日常生活防火的基本方法。

（9）了解安全用火、用电、用气的常识。

（10）掌握一般火灾隐患的查找和整改方法。

（11）了解灭火的基本方法。

（12）掌握灭火器等常见消防器材的使用方法。

（13）了解室内消火栓等建筑灭火设施的使用方法。

（14）通过典型案例分析高等院校火灾发生的原因及应该吸取的教训。

2. 消防法规基本常识

（1）了解《消防法》有关公民的基本消防法律义务和禁止性规定。

（2）了解《中华人民共和国刑法》（以下简称《刑法》）、《中华人民共和国治安管理处罚法》的有关规定。

（3）了解《高等学校消防安全管理规定》的主要内容。

（4）了解法律法规规定的有关消防行政、刑事责任。

3. 消防基本能力训练

（1）常用消防设施、器材操作训练。

（2）火场疏散逃生、自救互救基本方法训练。

（3）火场疏散逃生演练。

问题 88. 高校学生可以通过哪些途径接受消防安全教育？

高校学生在校园内可以获取消防安全教育的途径有：入学教育的消防安全专题讲座、消防安全教育课程、特定对象的消防安全培训、有组织的火灾应急与疏散演练、校园媒体和校园宣传栏以及大学生消防志愿者活动等。

1. 消防安全专题讲座

根据《高等学校消防安全管理规定》，高校应当对每届新生进行不低于4学时的消防安全教育和培训，每学年至少举办一次消防安全专题讲座。作为新入学的大学生，进入陌生的学习和生活环境，有些甚至是首次离家独立开始集体生活，应积极主动接受正确的用电安全与火灾防范等安全教育和指导，掌握必要的宿舍防火知识、教室和实验室消防安全常识，树立消防安全意识。在校的大学生也需要积极参加每年的消防安全教育讲座，以及学校组织的消防安全体验馆和教育基地的参观学习活动，不断强化安全意识，加深对安全知识的理解并切实践行。

2. 消防安全相关课程

高等学校根据人才培养需要，应将消防安全知识纳入教学和培训内容，设置相关选修和必修课程，例如大学生安全教育、高校学生消防安全教育、防灾与应急以及人民警察训练学校和师范院校开设的必修课程。大学生可以通过系统的课程学习，掌握火灾防范和应急处置相关理论知识和实用技能。

3. 有组织的消防疏散演练

高等学校及其二级单位依法每半年要针对消防安全重点单位（部位），如学生宿舍、实验室、礼堂、体育馆等组织消防疏散演练，这是训练和检验大学生火灾应对能力的有效途径。大学生要珍惜疏散演练的机会，积极参与其中，掌握报警途径，灭火基本方法和生活、学习所在建筑的安全疏散路线，以及紧急避险措施。

4. 特定对象的消防安全培训

高等学校对实验室学生进行针对性的消防安全培训。特定消防安全培训目标明确、内容针对性强，兼有理论知识和实操实践，是大学生掌握必要的安全科普知识、安全技能和操作规程的有效途径。

5. 高校社团的消防志愿者活动

高校社团是大学生自愿选择的课外实践活动团体，对学生的成长有重要的作用。在丰富多样的社团活动中融入消防安全教育或组织消防志愿者队伍，是引导大学生主动了解、掌握消防安全知识的有效途径，能够弥补课程的不足，实现“教学实践合一”，促使高校大学生对消防安全的认识从自发走向自觉，进而内化为自身的认识。

6. 校园消防安全教育媒体栏目

高校应在校园网络、广播、校内报刊开设消防安全教育媒体栏目，使消防教育无处不在，可以在潜移默化中培养大学生的消防安全意识，掌握消防常识。

问题 89. 高校学生如何维护消防安全?

在消防工作方针指导下，结合火灾案例的经验教训，大学生在维护消防安全方面应做好三件事，概括起来是三句话：戒灾不畏火，遵规不纵恶，学练不怠慢。

1. 戒灾不畏火，是说在思想上要时刻保持警惕，树立消防安全意识；即使发生小火也不要害怕，从容应对

首先，要在思想上树立“居安思危”“以思患而预防之”的防灾意识。对于随时、随地可能发生的火灾，要有一定的忧患感和警惕性，用火时就要想到可能发生火灾而造成危害。例如，吸烟后要把烟头熄灭再丢弃；使用电气设备要断电才能离开。实践中人们往往是留意这些细枝末节造成了火灾，给自己和他人造成巨大的损失。例如，东北某高校一博士生在刀具实验室试验时打出火花，没有在意，实验结束离开时没有检查和及时清理现场，而后由于阴燃引发了一场火灾烧毁了实验器材，受到公安部门处罚和学校的处理。

其次，要勇敢的应对火灾，参加有组织的灭火行动。火灾发展规律表明，火灾发生时有一段发展缓慢的初起阶段，这一阶段火势小，如果能组织正确灭火，很多火灾就不会发生或者不会造成很大的损失。所以，发现火情，不要被吓坏，要及时向消防队报警，并协助进行扑救工作。

2. 遵规不纵恶，是指自觉遵守防火安全规定，主动制止他人的不安全的行为

大学生应对火灾的危险性、危害和预防火灾的知识有一定的认识和了解，自觉地遵守消防法规和防火安全制度。依法履行公民的消防安全法定义务是最基本的要求。同时，大学生作为社会的新生力量，还应该有强烈的社会责任感，主动维护消防安全，对发现的火险隐患有一种将其尽快消除的责任感和紧迫感，对违法行为主动制止或举报投诉。因为消防涉及公共安全，很可能个人犯错酿造的苦果由其他人来品尝，例如，某大学一学生宿舍起火，宿舍内一名学生被困屋内，后被消防队营救生还。火灾调查表明是充电器引发的火灾，被救出的学生也描述对面铺位的充电器已在插座上插了三天。类似的这些违章用电情形屡见不鲜，但往往没人制止，大家或是认为没有什么不妥，或是不愿多管闲事，而往往是这些看似是事不关己的闲事，却成了引火上身的大事。当然大学生中负有责任心的学生也不乏其数。某大学一同学在使用电热水壶的过程中，因线路维修临时停电，她出门时忘了插在电源上的电热水壶。十分钟后电来了，电热水壶将水烧干，并将塑料底盘熔化。熔化的塑料所产生的异味被路过该宿舍门口的同学察觉，及时报告了公寓管理员，避免了一场火灾。

3. 学练不怠慢，是指主动学习火灾扑救和逃生知识和技能，并积极参加疏散演练

有了消防安全意识、有了救火的勇气还不够，还需要掌握一定的灭火、自救和救人的知识和技能。所以，每当有机会，应积极参加消防教育和培训，加入消防志愿组织，参与学校组织的疏散演练。树立消防意识同时掌握一定的同火灾作斗争的本领。否则，一旦发生火灾既不懂得如何灭火，也不知道被困火场如何才能安全地逃生或避险，后果不堪设想。例如，某师范大学研究生宿舍一楼发生火灾，浓烟笼罩整个十一层的宿舍，楼上百余个寝室的 500 名学生被困，其中有个别学生受不了浓烟熏呛，就要跳楼逃生，危急时刻，及时被消防员制止，最终被成功营救到安全地带。除此以外，具备消防知识和技能的大学生还可以积极申请成为消防志愿者，参与社会实践，开展社会消防宣传与科普教育，为提高公众的消防安全意识尽一份力。

专题二：消防违法责任

问题 90. 违规吸烟甚至导致校内火灾应承担什么责任？

你以为吸烟很酷很炫？不！

你以为吸一根烟无伤大雅？不！

你的指尖夹着他人的生命——请勿吸烟！

以上类似的禁烟公益广告比比皆是，然而，或许是喷云吐雾帅气洒脱，或是指夹香烟宣告成熟，在校园中还是不乏大学生加入了吸烟大军。因为吸烟引发的小火小灾层出不穷。例如，某校学生郝某在计算机室上机时吸烟，将烟缸中未熄灭的烟头倒入门后装有废纸屑的塑料纸篓里后离开，约半小时后烟头引燃废纸、书柜等物，烧毁天花板、三个柜子、二台计算机等物，价值数千元。又如，某校临时工张某，在打扫完教室后，坐在后排吸烟，然后将烟头随手向后一扔，恰巧扔到后门缝，引燃在门后堆放的杂物，引起大火，烧毁三间大教室，经济损失数万余元。还有，某干部管理学院培训学员乱扔烟头，引燃地板夹层内可燃材料造成火灾，烧毁建筑房屋 1 102 平方米及部分学生用品、教学仪器，直接经济损失近百万元。以上火灾的肇事者也被追究相应责任，在人生履历中留下污点。

依据《消防法》第六十三条规定，在具有火灾、爆炸危险的场所吸烟，处警告或者五百元以下罚款；情节严重的，处五日以下拘留；《消防法》第六十四条规定，过失引起火灾，尚不构成犯罪的，处十日以上十五日以下拘留，可以并处五百元以下罚款；情节较轻的，处警告或者五百元以下罚款；同时赔偿因火灾而造成的财产损失。若因吸烟导致火灾造成死亡一人以上，或者重伤三人以上，或造成公共财产或者他人财产直接经济损失五十万元以上，或造成严重后果的情形，例如人员伤亡、烧毁房屋、直接财产损失虽不足规定数额，但情节严重，使生产、教学、生活受到重大损害，就构成失火罪要追究刑事责任的，依据《刑法》一百一十五条规定失火罪处三年以上七年以下有期徒刑；情节较轻，处三年以下有期徒刑或者拘役。

小知识

《消防法》第六十三条规定，有下列行为之一的，处警告或者五百元以下罚款；情节严重的，处五日以下拘留：①违反消防安全规定进入生产、储存易燃易爆危险品场所的；②违反规定使用明火作业或者在具有火灾、爆炸危险的场所吸烟、使用明火的。

《消防法》第六十四条规定，有下列行为之一，尚不构成犯罪的，处十日以上十五日以下拘留，可以并处五百元以下罚款；情节较轻的，处警告或者五百元以下罚款：①指使或者强令他人违反消防安全规定，冒险作业的；②过失引起火灾的；③在火灾发生后阻拦报警，或者负有报告职责的人员不及时报警的；④扰乱火灾现场秩序，或者拒不执行火灾现场指挥员指挥，影响灭火救援的；⑤故意破坏或者伪造火灾现场的；⑥擅自拆封或者使用被消防救援机构查封的场所、部位的。

《刑法》第一百一十五条规定，放火、决水、爆炸以及投放毒害性、放射性、传染病病原体等物质或者以其他危险方法致人重伤、死亡或者使公私财产遭受重大损失的，处十年以上有期徒刑、无期徒刑或者死刑。过失犯前款罪的，处三年以上七年以下有期徒刑；情节较轻的，处三年以下有期徒刑或者拘役。

问题 91. 谎报火警犯法吗?

在“愚人节”期间，朋友之间开开玩笑，制造恶作剧或许是件逗乐的事情，但向消防部门谎报火情的玩笑可不能开，哪天都不能。松江消防部门在 4 月就曾连续两天接到“假警”，警力被无故消耗。第一天，有人报警称松江某小学发生火灾，连带煤气爆炸，有人烧伤，多人被困。松江消防部门立即出动 8 辆消防车，80 余名警力到场，反复巡查未发现险情。第二天，又有报警称松江另一小学发生煤气爆炸和人员被困。松江消防部门再次出动 60 余名警力到场，发现为虚假报警。

谎报火警是一种扰乱社会秩序、妨害公共安全的违法行为。一方面，当谎报火警占用报警电话专线时，正常的火灾报警电话打不进来，势必影响消防队的接警出动和灭火救援；另一方面，消防队接警必出，因为接到谎报的火警而出动，就会造成该消防队责任区消防力量被占用，万一其他区域此时发生了真火情，在短时间内没有或缺乏灭火力量前往扑救，将贻误灭火最佳时机。因此，谎报火警的行为属于违法行为，依照《中华人民共和国治安管理处罚法》（以下简称《治安管理处罚法》），谎报火警扰乱公共秩序的，处五日以上十日以下拘留，可以并处百元以下罚款。

小知识

什么是谎报？——《生产安全事故罚款处罚规定（试行）》第五条第（三）项规定，故意不如实报告事故发生的时间、地点、初步原因、性质、伤亡人数和涉险人数、直接经济损失等有关内容的，属于谎报。

谎报火警的责任——《治安管理处罚法》规定，有下列行为之一的，处五日以上十日以下拘留，可以并处五百元以下罚款；情节较轻的，处五日以下拘留或者五百元以下罚款：散布谣言，谎报险情、疫情、警情或者以其他方法故意扰乱公共秩序的；投放虚假的爆炸性、毒害性、放射性、腐蚀性物质或者传染病病原体等危险物质扰乱公共秩序的；扬言实施放火、爆炸、投放危险物质扰乱公共秩序的。

阻拦报警的责任——根据《消防法》规定，在火灾发生后阻拦报警，或者负有报告职责的人员不及时报警的将处以十日以上十五日以下拘留，可以并处五百元以下罚款；情节较轻的，处警告或者五百元以下罚款。

问题 92. 故意放火未造成火灾会被判刑吗?

某大学学生张某因不满女友分手，挟持并恐吓放火与女友同归于尽，且点燃书信等，后被同学发现并及时扑救和制止，未造成火灾。事发后，张某被依法拘留追责，是否构成放火罪成为争议焦点。

放火罪是严重危害公共安全的犯罪，被列为危害公共安全罪之首。放火罪定义为故意引起火灾，损坏公私财物，危害公共安全的行为。根据《刑法》第一百一十四条的规定，放火危害公共安全，尚未造成严重后果的，处三年以上十年以下有期徒刑。第一百一十五条规定，放火致人重伤、死亡或者使公私财产遭受重大损失的，处十年以上有期徒刑、无期徒刑或者死刑。

放火犯通常以烧毁目的物为犯罪目的，但是，判断放火罪的既遂与未遂，不以犯罪目的是否达到为标准，而应以行为是否符合《刑法》规定的放火罪的全部构成要件为标准。

（1）客体要件：公共安全，即不特定多数人的生命、健康或者重大公私财产的安全。

（2）客观要件：实施放火焚烧公私财物，危害公共安全的行为。

（3）主体要件：一般主体，即已满 14 周岁的公民。

（4）主观要件：表现为故意，即明知自己的行为会引起火灾，危害公共安全。

也就是说，只要实行放火行为，点着了目的物，引起目的物燃烧，使目的物有被焚毁的危险，不管其行为是否终了，不管是否造成严重后果，只要危及公共安全，就构成放火罪。造成火灾与否以及造成后果程度只是决定放火罪量刑，不能影响和改变放火罪已经构成的本质，是一定需要被追责的。

问题 93. 用“热得快”烧水引发火灾构成失火罪吗？

高校校园火灾的案例中有一部分集中为使用“热得快”烧水引发的，火灾原因归为电气火灾。例如，北京某大学宿舍楼内一房间突然发生火灾，9 辆消防车先后赶到现场，经过消防员 40 多分钟的扑救，大火才被扑灭。起火原因系该宿舍学生违章使用“热得快”烧水引发大火。火灾使该宿舍各种设施全被烧毁，对面屋门被烧坏，造成经济损失 2 万余元。

此类火灾中的起火原因虽为电气设备起火，但是是人为电气设备使用不慎或不当导致的，同样在宿舍中长期通电的台灯、锂电池充电器等引发火灾也属于此类情况。换句话说，此类火灾不是简单的客观因素造成的，因为在学校的各类规定和教育中已明确宿舍用电规定，当事人应当预见自己的行为可能发生危害结果，因为疏忽大意而没有预见，或者已经预见而轻信能够避免，以致发生危险结果。

从大多数校园用火用电的火灾案例来看，当事人的主观动机虽然并不希望造成危害结果，但没能意识到危险或者已经预见，然而心存侥幸心理或过度自信，认为能够避免，这是一种过于自信的过失犯罪，情节严重将构成失火罪，依据《刑法》第一百一十五条追究刑事责任；情节轻微，依据《消防法》第六十三条追究责任；同时，由于失火造成单位或个人经济上的损失，要予以赔偿。

小知识

失火罪——失火罪是由于行为人的过失而引起火灾，造成严重后果，危害公共安全的行为。其构成要件包括：

（1）客体要件：对公共安全的危害通常表现为危害重大公私财产的安全和既危害不特定多数人的生命、健康，又危害重大公私财产安全两种情况。

（2）客观要件：在客观方面表现为行为人实施引起火灾，造成严重后果的危害公共安全行为。

（3）主体要件：主体为一般主体，凡达到法定刑事责任年龄、具有刑事责任能力的人均可成为本罪主体。

（4）主观要件：在主观方面表现为过失。既可是出于疏忽大意的过失，也可是出于过于自信的过失。

失火罪的立案标准——导致死亡1人以上，或者重伤3人以上；造成公共财产或者他人财产直接经济损失50万元以上；造成10户以上家庭的房屋以及其他基本生活资料烧毁；造成森林火灾，过火有林地面积2公顷以上，或者过火疏林地、灌木林地、未成林地、苗圃地面积4公顷以上；其他造成严重后果的情形。

参考文献

REFERENCE

［1］应急管理部消防救援局．消防安全——普通高等学校消防安全教育读本［M］．北京：知识出版社，2020.

［2］青云．血的教训——高校火灾敲响消防工作警钟［J］．生命与灾害，2019，10.

［3］苗慧燕．高校火灾特点及扑救措施［J］．安全，2018，4.

［4］陈珊珊，彭玉丹．高校火灾原因分析与预防探讨［J］．现代经济信息，2019，7.

［5］方正．高校校园火灾原因分析及其对策［J］．湖北理工学院学报，2019，2.

［6］张萌，苏延立．浅议高校学生宿舍的火灾隐患及应对措施［J］．吉林省教育学院学报，2013，7.

［7］杨璐．新型电热器具引起火灾的常见原因分析［J］．低碳世界，2016，6.

［8］王刚，张石民．电动车充电过程起火原因分析及技术防范措施［J］．消防科学与技术，2012，12.

［9］杨纪亮．浅析公众聚集场所封闭楼梯间的开与闭［J］．江西化工，2013，2.

[10] 杜红. 防排烟技术 [M]. 北京：中国人民公安大学出版社，2014.

[11] 宋广瑞，但学文，刘静. 气体灭火系统 [M]. 成都：西南交通大学出版社，2015.

[12] 刘慧英，江炎. 手机、电脑也会发生爆炸 [J]. 水上消防，2013，4.

[13] 刘红卫. 高校火灾事故及预防措施 [J]. 中国公共安全（学术版），2009.

[14] 曲文研. 高校火灾致灾因素分析及防控 [J]. 消防界，2017，3：86–86.

[15] 刘万保，艾晴雪，尹小波，等. 高校火灾预防人员疏散研究 [J]. 华北理工大学学报：自然科学版，2017，3.

[16] 阎卫东，陈宝智，钟茂华. 火灾情况下不同楼层对大学生疏散心理和行为反应影响的研究 [J]. 中国安全生产科学技术，2005，4.

[17] 何怡婧，曾坚，王子寒，等. 高层学生宿舍火灾疏散模拟与逃生行为研究 [J]. 消防科学与技术，2013，1.

[18] 董杰，纪荣宇. 火灾中的心理问题（1）——心理及行为表现 [J]. 现代职业安全，2012，3：116–117.

[19] 姚燕生，朱达荣，吴振坤. 高层建筑火灾缓降逃生设备综述 [J]. 安徽建筑大学学报，2013，21.

[20] 史迪威. 灾难逃生手册 [M]. 北京：解放军出版社，2013.